RENSHENG DE TUIBIAN

人生的蜕变

——个人深层文化意识的觉醒

魏 新◎编著

北京工业大学出版社

图书在版编目（CIP）数据

人生的蜕变：个人深层文化意识的觉醒 / 魏新编著 . —北京：北京工业大学出版社，2013.1
ISBN 978-7-5639-3323-5

Ⅰ.①人… Ⅱ.①魏… Ⅲ.①人生哲学—研究 Ⅳ.①B821

中国版本图书馆CIP数据核字（2012）第275593号

人生的蜕变——个人深层文化意识的觉醒

编　　著：	魏　新
责任编辑：	陶丽萍
封面设计：	尚世视觉
出版发行：	北京工业大学出版社
	（北京市朝阳区平乐园100号　100124）
	010-67391722（传真）　　bgdcbs@sina.com
出 版 人：	郝　勇
经销单位：	全国各地新华书店
承印单位：	唐山才智印刷有限公司
开　　本：	787 mm×1092 mm　1/16
印　　张：	16.75
字　　数：	224千字
版　　次：	2013年1月第1版
印　　次：	2021年1月第2次印刷
标准书号：	ISBN 978-7-5639-3323-5
定　　价：	32.00元

版权所有　翻印必究

（如发现印装质量问题，请寄本社发行部调换　010-67391106）

前　言

我们国家三十多年改革开放的光辉历程，归根结底是一部思想解放的历史，是一场新的文化启蒙运动，特别是深层文化意识的觉醒成为推动社会发展的引擎。而社会文化结构的演进，必然会对个人的思维方式、心态、价值观念等产生深远的影响。

从人的意识结构来看，可以把人的意识分为两个层面。一个是显意识层面，主要指人的思维能够自觉意识到的思想、观念。这与人的思维对外界事物的认识过程相联系。另一个是潜意识层面，即文化心理的深层，是人的思维中潜在的、深层的心理意识。它往往与主体需求的价值评价相联系。

人的深层文化意识的觉醒，意味着对人深层的思维心理进行反思，通过不断反思，使思想不僵化、不停滞，时刻保持一种与时俱进的趋势。但问题在于，现代人在一定程度上失去了反观内心的方法和勇气，以致迷失了生命本真，往往因迷失而苦恼，导致人生的失败。正是基于这样的认识，本书所阐释的主题是：通过深刻的反思，创造人生的辉煌。

为什么说失落感会让人变得脆弱？如何唤醒深层文化意识？如何看清自己并摆正心态？什么样的人生价值观才是正确的？怎样培养新的思维方式？健康的生活方式包括哪些方面？怎样才能更好地活在当下、抓住眼前？如何规划人生、绘就蓝图？通过阅读本书，你将明白唯有通过深刻的反思，才能整饬心灵，走出精神的泥淖，以一种疏朗的胸襟面对一切，唯有这样的心境，才能创造更辉煌的人生。

目　录

第一章　失落感会让人变得脆弱　　001

　　失落感源于个人精神文化的迷失　　002
　　压力之下普遍存在的焦虑　　007
　　源于心理不平衡的愤怒　　013
　　会使人失去自我的恐惧　　017
　　可能导致疏离人格的孤独　　020
　　可使人丧失良知的嫉妒　　024
　　忧郁是时代特有的符号　　028
　　情绪认知是个性成熟的重要标志　　030

第二章　唤醒深层文化意识　　034

　　树立自觉的文化意识的意义　　035
　　唤醒和重建道德精神　　038

重于泰山的责任意识	040
培养和强化进取意识	042
培养创新意识及能力	045
要有正确的经济意识	048

第三章　看清自己，摆正心态　　052

通过"十商"认识你自己	053
七招教你减轻负面情绪	058
"四戒"不良的学习心态	060
归零的心态利于重新开始	063
积极的心态是成功的法宝	065
坚持的心态是成功的代名词	068
培养良好的积极合作的心态	070
谦卑是一种高明的处世态度	072
养成高度严谨的自律心态	076
宽容的心态是明智的处世原则	078
平常的心态是人生的大智慧	081
感恩的心态让我们感谢一切	083

目录

第四章　正确的人生价值观　085

树立正确的义利观　086
树立正确的苦乐观　089
树立正确的荣辱观　092
树立正确的幸福观　094
树立正确的生死观　098
树立正确的金钱观　103
怎样消除自私心理　105

第五章　培养新的思维方式　109

思维能力是智力的核心　110
观察力是智力活动的源泉　113
注意力是打开智慧的天窗　116
记忆力是智慧的基石　118
想象力是取得成功的前提　121
创造力是一种综合性的能力　124
兴趣所在就是成功之所在　127
发挥心理暗示的积极作用　130
非智力因素的作用及培养　137

第六章　采取健康的生活方式　　　143

　　适量地摄入优质蛋白质　　　144
　　新鲜蔬果餐餐要　　　146
　　尽量选用有机食物　　　148
　　吸烟百害而无一利　　　152
　　沉迷网络导致各种病征　　　154
　　想健康就必须要运动　　　157
　　如何保证睡眠质量　　　160

第七章　活在当下，抓住眼前　　　164

　　过去，现在，未来　　　165
　　接受现实是人生的必修课　　　168
　　珍惜当下拥有的一切　　　171
　　把握现在胜过等待未来　　　174
　　抓住眼前就不能优柔寡断　　　177
　　活在当下要摆脱消极情绪　　　180
　　最好的机会就在当下　　　183

目录

第八章　规划人生，绘就蓝图　　187

有什么样的目标，就有什么样的人生　　188

分析你的需求并进行合理规划　　196

分析自己的性格适合做什么　　203

善于根据兴趣规划自己的职业　　207

明确自身条件的优势和劣势　　210

如何制定职业目标　　212

年轻人如何避开职业规划过程中的观念误区　　215

考虑人生规划中的具体细节　　221

不断地修改和更新你的人生发展规划　　227

克服前进道路上自身的缺点　　232

摆脱职场危机，完善人生规划　　237

实施人生规划时如何激励自己　　245

成功地实施个人规划的有效途径　　250

第一章　失落感会让人变得脆弱

　　失落感或轻或重人人都有，是一种普遍存在的心理现象。其程度的强弱因人而异，是因为相关因素很多，如价值取向、性格特征、适应能力等。那么如何消解失落感呢？本章从焦虑、愤怒、恐惧、孤独、嫉妒、忧郁这几个主要方面，诠释了失落感的成因，并提出了寻求心理平衡的途径和方法，帮助读者理智地理解失落感，冷静地面对现实，让充实的生活驱走失落感。

失落感源于个人精神文化的迷失

所谓失落感，指的是原来属于自己的某种重要的东西，被一种有形的或无形的力量强行剥夺后的一种情感体验。人一旦产生失落感，常常表现为沉默寡言、心情抑郁、感受力降低、思维迟钝、智力下降、注意力不稳定等，使心理处于沮丧、消沉、忧郁、苦闷的状态。这不但会影响人的工作和生活质量，而且对人体健康是有害的。

人们之所以会产生不幸感和失落感，往往是源于比较的结果。这就是谚语中所说的道理："不怕不识货，就怕货比货""人比人，气死人。"由此可见，失落感源于文化，而个人的失落感，是个人精神文化在一定程度的迷失。

广义的文化是人类知识、信仰和行为的整体，它构成了整个社会行为的共同基础。狭义的文化是人的人格及其生态状况的反映。个人的精神文化指意识形态所创造的精神财富，包括思想观念、个人信仰、道德情操、生活方式等。人之所以会产生失落感，与个人的深层文化诉求有密切的关系。

我们说失落感源于个人精神文化的迷失，主要基于以下几个方面原因。

一是与人所失落的东西的"价值"有关，这个价值主要指文化价值。例如，对于知识分子来说，知识分子的荣誉、知识的价值就异常重要，如果这些东西都"贬值"了，他们就一定会有强烈的失落感。再如，一个人当了几十年的领导，出门时常常被人们前呼后拥的，平时家里门庭若市，忽然到了

第一章　失落感会让人变得脆弱

年龄退休了，什么都没有了，生活空空荡荡的，他也会产生很强的失落感，这是一种说不出来的感觉。妻子失去一起生活了几十年的丈夫，感情上实在接受不了这样的现实，也一定会产生强烈的失落感，什么都不想做，什么都不愿意去想，甚至会感觉一切变得莫名其妙。

二是与人的性格特征有关。个人精神文化是个人性格形成的决定性力量。人们接触怎样的文化就有怎样的性格，如果能让一个人接受一种文化，他就会对这种文化有亲切感，就会主动推动这种文化的发展和进步。在文化大背景的熏陶下，有的人性格比较坚强，有的人则比较脆弱。一般来说，坚强的人不太容易产生失落感，而且即使有了失落感，也不会持续太久。而那些性格脆弱的人，则容易产生失落感，一遇到什么挫折，就控制不了自己，常常表现出一种混乱与震惊，不知如何才好。

三是与人的适应能力有关。我们知道，不同文化背景下的人适应能力是一个常议常新的话题，因此在任何时代的任何情况下，人的心理感受都与其对时代和自身的认知有关。一般来说，适应能力强的人，即使遇到挫折，他也会想办法去摆脱自己遇到的困境，想法渡过这个难关，而且一般很快就会收到某种效果。因此，对于这些人来说，失落感是极其短暂的，甚至可以忽略不计。而对于那些应变能力极差的人来说，一遇到挫折，他们就再也想不出好的办法，整天为痛苦、悲伤所笼罩，失落感极其强烈。

四是与人的自负心理、虚荣心有关。我们说，自负心理和虚荣心只能使个人的精神文化泛化。一个人如果心胸豁达、开朗、明快，对什么事情都能想得开、想得通，那么，这种人一般不太容易产生强烈的失落感，即使产生了，也是短暂的。但是，也有这样一些人，心胸狭隘，对什么事都斤斤计较，遇事好出风头，虚荣心极强，又特别自负，看不起他人，这些人一遇到什么风吹草动，想得也就特别多，总是与自己的利益、面子、荣誉等联系在一起。这种人如果真的遇到严重的挫折，那么，他们一定为极其痛苦的情绪所左右，一定为强烈的失落感所控制，于是，他们的生活开始变得越来越麻木，做事完全没有了激情，甚至开始不断地去怀疑人生，不知道人活着的意义到底是什么。

一般来说，所谓失落感有以下几个重要的特点。

一是感到失去了重要的东西，即本属自己的东西，却被夺走了，而且他认为这个失去的东西是至关重要的。失去不重要的或无足轻重的东西，尽管不是一件高兴的事，但是时过境迁，不会产生失落感。并且所失去的这种重要的东西，可能是有形的，可能是无形的，也可能是两者皆有的。例如，对当今的知识分子来说，他们所失落的东西不仅是物质待遇、福利等有形的东西，而且也有体现知识的价值、知识分子自身的价值这些无形的东西，而且对大部分知识分子来说，这往往是两者交融在一起的失落感。

二是失去的东西是被强行夺走的，即被视作最珍贵的东西不是心甘情愿失去的，而是被剥夺了的。

三是失落感是一种是由多种消极情绪组成的情绪体验。失落感会导致情绪一直很低落，处于一种莫名的情绪失控的状态，如焦虑、愤怒、恐惧、孤独、嫉妒、沉默、忧郁等，最严重的失落感还经常与绝望、轻生等联系在一起。甚至可以这样说，几乎人类所有的消极情绪都可以包括在失落感之中。当然，并不是说每一种失落感都得全部包括上述的消极情绪，有的所包含的成分可能多些，有的少些；有的反应程度可能强烈一些，有的则可能轻微一些；有的是以其中的一种成分为其主要表现，有的则表现出几种来。

失落感一旦强烈则极具破坏性。首先，强烈的失落感会使人陷入痛苦中不能自拔，忘掉了如何去改变、战胜自己所面临的危机，它会使失落者失去生活的重心、信心和目标。失落感是一种消极的情绪体验，而情绪就是情绪，绝非理智。因此，一个人一旦被强烈的失落感所左右，他就会在痛苦中苦苦地挣扎，他就会失去理智，整天沉湎于这种情绪之中，他就会失去思考的能力，最后，甚至被痛苦和失落感压垮。

第一章 失落感会让人变得脆弱

其次,强烈的失落感会摧残人的身心健康。一个人的失落感越是强烈,他所受到失落感的摧残就越大。强烈的失落感意味着焦虑和不安,意味着长期的精神痛苦与身体的不适,彻夜难眠,食欲严重减退等。这一切将导致身体的消瘦、体重的减轻,人的抵抗力减弱和免疫能力降低,还可能使过去潜在于身体内部的病灶得到表露,出现一系列与植物神经系统紊乱相关的病症……而所有这一切的根源,都是强烈的失落感所造成的。

最后,强烈的失落感还会使人产生一种极端的行为,甚至将人推向绝路。强烈的失落感还有一种"特异的功能",即使人产生一种莫名其妙的力量,做出一些极端行为。譬如使人产生轻生的念头,使人产生强烈的报复感等。

谁都有失落的体验。有不少人因此而沉寂了,消极了,堕落了,个别的甚至自我毁灭了。不过,也有许多人在经受了考验之后,其心理品质和心理能力也就有了提高。那么,如何正确对待强烈的失落感呢?

第一,正确看待失落感

人的一生将面临各种问题和挑战,失落感是人在面临挑战时的一种反应。因此,从某种意义来说,它是一种正常的心理现象。无论是幼儿、少年、青年、成年还是老年,都会遇到各种各样的问题、各种各样的挫折,都会经历各种各样的心理过程。其实,失落感不过是心理危机的表现之一。它使人的心理从原来的有序转变为无序,经过"失落"的这一特殊阶段,经过痛苦的思索、抉择和努力的超越,再从无序的心理转变为有序的心理。这时,人经受了这样一场考验,其心理品质和承受能力也就有了提高。因此,失落感是人生历程中的一种正常的心理现象,不值得大惊小怪。

第二,鼓起勇气,面对现实

一个人之所以有那么强的失落感,往往是因为他没有勇气面对现实,而只是沉湎于那个被理想化了的过去。人,往往容易动情,尤其是那些性格过于脆弱的人，更是如此。他们往往将失落的过去当作最美好的东西来回忆，因而会加深自己的失落感。而事实上呢？只有实际的生活才是我们所需要的。尽管现实是"有缺陷的"，但它能改变过去。因此，要鼓起勇气去面对现实，大胆地接受挑战，而不是逃避现实。

第三，在现实中获得补偿

要理智地对待失落，在现实中寻找新的"补偿目标"，从中寻求新的前进动力，如果失去了理想，还是要想办法把它给找回来。有些事情，比如知识的贬值、个人身价的下跌不是个人的力量所能左右的，而是社会大环境的发展变化所致。怎么办呢？整天沉湎于这种失落感是无济于事的。只能默默地干、努力地干，将工作的社会效益作为"失落心灵的补偿"。当然，文人的社会效益是书、是文章，当它被转化为社会效益的同时，也会给自己带来若干的经济效益。这样一来，由于有了社会效益和经济效益作为补偿，人们反而可以将它作为自己前进的内驱力。

第四，在新的交往中获得安慰

结交新的伙伴，从新的交往中获得感情上的安慰，以便更快地驱散失落的阴霾。失落，会导致你的心灵空虚，会使你感到惆怅、不安和不知如何才好。此时，你千万不要将自己封闭起来，要积极地寻找一些朋友，建立新的信任和关系，让他们为你分忧解愁。当然，在找新的朋友时，一定要找那些"善解人意"的朋友，一定要找能对你提供"基本关怀"的人。这些人，能同情你，安慰你，鼓励你，为你出主意、想办法。这样，你就能尽快地从失落感中解脱出来。

第五，让充实的工作驱走失落感

人不能活在幻想中，而应该接受现实。在失落的心情下什么事情都会干得没有劲，然而失落不会自动离去，只有全身心地投入充实的生活、有意义的工作中才能赶走失落。一位作家说得好："人生并非只有一个开头。"如果

第一章 失落感会让人变得脆弱

你与恋人分手了,天涯处处有芳草,你完全可以在总结经验教训的基础上去另觅新的意中人。如果你从很高的职位上退了下来,不是恰好可以循着"无官一身轻"的古训而另行设计未来吗?还一还欠妻子、儿女的感情债,享受一下天伦之乐,岂不另有一番滋味在心头?因此,当你在遇到重大挫折后,不要让生活变成真空,在短暂的休息调整之后,要及时地调整生活的内容,多做一些对人生、对社会有意义的工作,这样,强烈的失落感就会被另一种有价值的生活所替代,失落感就会减轻一些。

总之,命运的纤绳掌握在每个人的手中,只要你经常地反思,科学地设计,勤奋地创造,你就能真正地把握住命运,荡起生活之舟,驶向理想的彼岸。自此,失落感则会随着新生活的浪花飘然而去,留给你的就只有欢悦、轻松和无限的前程了。

压力之下普遍存在的焦虑

从心理学的角度来分析,所谓焦虑是指由紧张、担心和恐惧等感受交织而成的一种复杂的情绪反应。在压力之下,人很容易陷入紧张、矛盾的境地。

心理压力的产生有主观和客观两方面的原因。从客观来看,竞争的激烈、失业的威胁、家庭的不稳定、信息爆炸、冲突的增加、失败的堆砌等会造成心理压力。从主观来看,在市场经济的冲击下,人们的价值观、道德观发生了巨大的变化,人们对生活的期望值越来越高,但人们对市场的风浪却缺少必要的心理准备，在理想与现实之间巨大的反差中，不少人纷纷掉进了痛苦的深渊。

产生心理压力的最主要原因，还在于我们对周围事物认知的差异。出色的高尔夫球手都有一种体验，倘若哪个高尔夫球手对自己近期的错误念念不忘，对对手的好运耿耿于怀，那么，他在从一个球洞向另一个球洞前进的过程中就会处于劣势。相反，那些打完一个球洞便把它抛到九霄之外，全神贯注于下一个球洞的高尔夫球手往往会赢得最后的胜利。

焦虑来自于压力。在现实生活中，文化压力、生活压力、内在压力及自然环境压力是造成焦虑的主要压力来源。在压力之下，越来越多的人抛弃了节制、内敛的传统价值观而转为接纳、追逐"现代化"的扩张性的价值观。根据以上分类，下面我们对各种压力进行详细的解读。

一是文化压力。在历史发展的长河中，人类群体为了更好地适应当地的环境，形成了自己的文化。一种文化的形成对于该群体而言有稳定社会和适应环境的积极意义。由于时代的不同，地域的不同，生活习惯的不同，会导致不同文化之间存在这样或那样的差异。即便在相互交流日益增多的现代社会里，这种差异还或多或少地存在着。这种差异带来了心理压力，即文化压力。

文化压力对人类心理卫生的影响是多方面的。首先，文化压力可以直接对个体心理卫生构成威胁；其次，文化还可以通过影响个人特点与社会支持而间接地影响个体的心理健康；再次，文化因素可以影响人们心理问题的表现形式。

文化对生活在该环境之下的每一个社会成员都有"身份"、"地位"、"角色"等方面的要求，这些要求就是文化的约束力。如果有人不遵从这些要求，就会被贴上"此人不正常"的标签，给他带来巨大的心理压力。即使人们遵从这些要求，约束力本身也还是一种压力，也会影响人的身心健康。例如，一个职业女性不仅要好好工作，回家后还有"贤妻良母"的角色要求。

第一章 失落感会让人变得脆弱

一旦这些要求形成了压力,足以让人产生焦虑的心理。

在每一种文化环境下,都会有一些不合理的观念与要求,这就是偏见与歧视。偏见与歧视给人造成的心理压力更不可忽视。除了种族、民族歧视之外,很多日常生活中的偏见与歧视也产生着极坏的影响。当一个人不幸患上精神病或艾滋病后,他们不仅要忍受病痛的折磨,还要面对世人的歧视与贬抑。可以说,偏见与歧视不仅影响人的心理健康,有时还是一把杀人不见血的刀。

二是生活压力。生活压力源自日常生活或工作、学习中的刺激性事件,小到家里鸡毛蒜皮的吵闹,大到社会因素的变化如经济衰退、能源短缺引起的生活困难,还有人际交往问题都可以成为压力的来源,都对人们的身心健康构成威胁。生活压力一般不会造成强烈的心理冲击,但是它似乎无处不在,人人都不能避免。因此,生活压力给人带来的焦虑也不容低估。

重大的生活事件打击会对人的心理健康构成威胁,这是众人皆知的,如丧偶、离婚等。在遭受重大打击后,当事人常常出现失落,抑郁,愤懑,甚至行为异常。同样,日常生活中一些看似不起眼的"小事",如夫妻争吵、家务繁重、居住条件欠佳等对身心健康的威胁也不可忽视。由于这些"小事"经常发生而具有时间与空间上的累积效应,一旦超过个体承受压力的能力,就容易诱发各种心理障碍,如焦虑症、抑郁症等。即便累积压力在个体的承受范围以内,也会导致紧张、焦虑、失眠、食欲不振等心理、生理反应。

人际关系不良或人际交往困难也会对人的心理健康构成威胁。各种人际关系问题,如与领导的关系紧张、与同事的关系紧张或邻里关系紧张等,都会给当事人带来失落感、不安全感,并引发焦虑、愤怒、抑郁等情绪反应,甚至诱发身心疾病。无论什么原因导致的人际交往困难都会引起自卑、退缩、焦虑等反应,甚至导致社交恐惧症。

经济困难和就业问题也常常引发各种心理问题,甚至导致行为障碍。全社会的经济不景气往往伴随着失业率的上升,使人们面临收入减少以及失业威胁，人们不可避免地产生紧张、焦虑、恐惧等情绪反应。经济的好转和恢复是一个长期的过程，压力的长期存在导致人们处于慢性焦虑之中，极易引发神经疾病或攻击等行为问题。

越来越激烈的竞争所造成的压力也会引发人的紧张、焦虑情绪，影响身心健康。社会治安不好、各种谣言等都是生活中常见的压力。

三是内在压力。内在压力指来自个体自身的压力。与外在压力不同的是，内在压力的产生与个人对问题的认识和评价有关。对于同样的问题，有的人不以为然，就不会产生内在心理压力，而有的人为此忧心忡忡，内在压力由此而生。也就是说，内在压力是当事人的内心体验，而这些内心体验又会对其身心健康进一步构成威胁。内在压力包括人的身体疾病、个人内在的多种需求之间的冲突、能力与要求之间的差距、挫折等。

躯体疾病引发的压力。躯体疾病对患者心理健康的影响是多方面的。首先，某些疾病，尤其是内分泌疾病，其本身就直接影响患者的心理健康。其次，患病导致患者心理脆弱，微小刺激也能引发他们较大的心理反应。最后，当患者对所患疾病进行评价后，评价结果也可能成为一种压力，从而影响他的心理健康。

需要与现实的冲突所形成的压力也是产生焦虑的重要原因。人的需要多种多样，也是无止境的。但当一个人面对能够满足自己各种需要的机会时，就会惊讶地发现这些机会之间存在着矛盾，也就是说难以同时兼顾自己的多种需要。在生活、工作、学习当中，我们都有理想和目标。符合实际的理想与目标催人奋进，是一个人前进的动力。然而，有些人却为自己制订了不切实际的目标，无论他们怎样努力，始终达不到既定的目标。过高的自我要求就像天上的星星，可望而又不可即。过高的期望与现实能力之间的差距导致个体产生心理落差。由心理落差产生的心理压力会引发人们产生自卑、愤怒或攻击行为。这种内在压力的产生主要和自身不能正确认识与评价自身的能

第一章　失落感会让人变得脆弱

力有关。可见这些矛盾就导致了心理焦虑的形成。

挫折，即个体从事有目的的活动过程中受到阻碍，使目的达不到，需要未能得到满足时所产生的紧张状态和情绪反应。个体遭受挫折后，常见的心理反应主要有紧张、焦虑、愤怒、冷漠等情绪反应以及固执、思想倒退、攻击等行为反应。如果个体不能承受挫折的压力，就会意志消沉，退缩，甚至出现心理障碍与身心疾病。

四是自然环境压力。自然环境压力如噪声、拥挤、污染、自然灾害、灾难性事件等都会对人的心理健康产生影响。噪声，凡是让人感到不舒适的声音都可以称为噪声，如音调不和谐的声音、声音强度过大或是干扰了人们正常工作与休息的说话声与音乐声等。从心理卫生角度来讲，噪声对人体的危害是多方面的。如噪声可以引起人的听力减退甚至失聪，引起头痛、食欲减退、四肢无力、高血压、心律失常、内分泌紊乱等。噪声还严重影响着人们的心理健康，噪声使人的神经系统处于紧张状态，导致注意力不能集中，工作与学习效率下降，心烦意乱，失眠，紧张焦虑，情绪不稳，易被激怒。

拥挤对身心健康的影响。由于拥挤，人们的活动空间缩小，人与人之间的距离太近，难以保持安全感，安全感的缺乏往往使人紧张、焦虑，甚至产生攻击行为。

污染越来越严重。环境中的化学污染具有持久性的特点，一旦发生，就不可能在朝夕之间得以恢复。化学污染对人们身心健康的危害也是持久的，人们因此长期处于紧张或恐惧之中，身心危害也就越发严重。

自然灾害或人为因素引发的灾难会给事发区域民众造成巨大的心理冲击，甚至有时会导致当事人精神崩溃。

灾难性事件对人们的心理健康有持久的影响。虽然灾难已经过去了很久，不少当事人回忆起当时的情景时仍然痛苦万分，有的人甚至出现创伤后应激障碍。大多数幸存者还要面对丧失亲友的痛苦，这些都成为人们心里挥之不去的阴影，影响着他们正常的工作与生活。

面对上述诸多现实压力所导致的焦虑，大多数个体会选择逃避，将自身沉浸在各种精神麻醉（如网络游戏、赌博）和肉体麻醉（如酗酒、吸毒、性放纵）之中。这些逃避方式是个体无力感驱使下的理性选择：通过宗教等方式抑制内心的欲望渴求，并改变评价外在之物的标准尺度；通过追逐肉体的感官刺激而实现欲望诉求的转移，即放弃不易满足的非感官性欲望诉求而转向较易满足的感官刺激；通过追逐在虚幻中实现的欲望满足而取代现实的欲望诉求，使焦虑得到消解。而对于许多身处深度焦虑困境之中的个体来说，更有可能通过选择自杀或者暴力攻击的方式消解内心的焦虑。事实上，自杀事件和暴力攻击事件显著上升的时期，就是一个社会面临普遍的深度焦虑的时期。从更广泛的意义上讲，在一个焦虑普遍化的社会里，焦虑不会只停留在个体层面，而且可能扩展到群体层面，从而形成总体性的社会关系紧张。

克服焦虑，重在建立起心理防御机制。防御机制也称为克服机制，主要可通过心理上疏远、文饰和贬损，帮助改善焦虑症状。

第一，建立疏远心理防御机制

我们在遭受惊恐性焦虑的侵袭时对自己说"现在镇静，屏气，数到十。"这是个好办法，因为焦虑是身体的感觉，兴奋的积累会使我们呼吸加快，这又会导致更大程度的兴奋。屏气能使我们的身体平静下来，从而与焦虑的诱因保持距离，然后在一定的距离之外对其加以审视。这种疏远的防御机制常常与文饰机制相结合。

第二，建立文饰心理防御机制

每当焦虑的时候，我们不妨对自己说："其实根本用不着焦虑，总会有办法解决的。"即使不是我们自己去解决，一定有人能够游刃有余地应付这件事。或者我们详细周到地分析这个问题，从而与我们的焦虑保持一定的距离，比如在非常危险的情境中可以将当前的感受与焦虑隔离开来。

第一章 失落感会让人变得脆弱

第三，建立着意贬损心理防御机制

比如我们害怕遭到批评，预感这种批评会毁了我们，担心被人视为无能，知道这会给我们带来很大的耻辱，在这种情境中，我们就会贬低潜在的批评者，否认其批评我们作品的能力和资格。这种批评对我们能有什么损害呢？贬损是常用的焦虑防御法，跟踪检查自己的防御策略，看看我们自己是如何频繁地由于焦虑而贬低别人或事物，这对我们是有益的。采取这种策略的人并不一定就是阴险邪恶的人，而是不敢面对焦虑的胆怯的人。

总之，积极的心理防御机制的意义在于，能够使主体在遭受困难与挫折后减轻或免除精神压力，恢复心理平衡，甚至激发主体的主观能动性，激励主体以顽强的毅力克服困难，战胜挫折。

源于心理不平衡的愤怒

每个人都有七情六欲，其中有一种情绪就是"怒"。当一个人发起怒来的时候，他脸红脖子粗的样子，非常有损形象。而且，人一愤怒，就很难平心静气地去思考，容易做出一些不理智的事情。中国有这样一句俗话："怒从心头起，恶向胆边生。"意思是说，有的时候，人们只是为了发泄心中一时的气愤而做出傻事，往往会酿成不可挽回的大错，所以，有人常常在为怒气冲天之后所做的事情懊悔不迭。对一些容易动感情的人来说，就要把"制怒"二字送给他们，并建议他们把这两个字当作座右铭。

生活中爱发怒的人很多，原因大多是心态方面的不平衡。换句话说，主要是因受屈辱而产生的失落感所致。其实，所谓的"屈辱"，大多是自己认为受了屈辱而实际上未必有那么严重。其实在现实生活中，人生不能处处是阳光，时时有花香，所谓"家家都有本难念的经"，一旦失落感占据上风，主宰了人的情绪，人就会产生急躁的情绪。

一位中国近代著名的文学家说："一个人发怒的时候，最难看。"人在发怒的时候，往往有快要疯狂的感觉。如有人一怒便摔东西，其实东西并没有惹他。还有人发了怒，无处发泄，索性以自残的方式发泄。这些人的发怒，乃属于俗人之怒，这些发泄方式不过是一种无可奈何的举动。

有位哲学家说："人类最大的敌人就是胸中之敌。"有时候，虽然一些事情让你忍受不了，觉得受到了不公平的待遇，特别想发脾气，但是为了顾及自己的颜面，你就勉强忍了下来。但是你知道问题还是没有解决，愤怒不满的情绪仍然憋在自己的心里，随时都会被引爆。不巧的是，当你转过身却看见一个满肚子怨气的家伙正在对着你咆哮，他不自觉地把嗓门越扯越大，分贝越升越高，这时你的反应，是因为受到惊吓而不知所措，视若无睹地掉头走开，还是怒不可遏地反击呢？

在人生的旅途中，成败得失、功名利禄、恩恩怨怨、是是非非时刻伴随着我们。我们只有远离愤怒，放平心态，对任何一件事情都能放得下，这样才能达到生活的最高境界。为了防止自己发怒，这里列出几种能够有效防止发怒的方法。

第一，正确地认识愤怒

我们常常受一些潜在观念的影响，阻碍了我们的表达，所以有必要把它们揪出来，整理整理。有时候，我们会在躯体上反映出一些症状，如胃疼、口干舌燥，或者在行为上表现出一些偏差，如汽车追尾、丢三落四。当这些情况发生时，有一种可能是我们正在愤怒或压抑愤怒。所以，要学会的第一件事就是知道自己是不是在生气。

第一章 失落感会让人变得脆弱

当愤怒时,我们可能直接表达,也可能经过修正让愤怒不那么直接,而以不满、挑剔、怨恨等方式加以隐藏,还可能以更间接的沮丧来表达。当我们感知到愤怒的情绪后,我们需要冷静下来分析我们生气的原因。需要寻找的原因并非是具体的事件,而是隐藏在事件下面的触犯到你的底线的细节。是因为他人损害了你的权益、自尊,还是因为事态没有按照你预期的那样发展而受到挫折,或者你是以愤怒的方式来争取自己的权益?接下来,你需要思考这样两个问题——"我为什么生气?""不生气有什么好处?"

不能正常表达愤怒的人,他的情绪常常如同火焰一样燃烧,这样的状态阻碍了他进行自我分析、自我觉察的过程。

第二,要学会克制自己,不要伤害别人

故意伤害别人是种很不道德的行为,但发怒跟故意伤害别人不是一回事。你发怒是说明你受到了伤害,告诉别人停止这种伤害。你并不想利用发怒伤害谁,而只不过是想帮助他们认识到,他们的行为使你受到了伤害,他们必须停止这种行为。假如你尊重他们,告诉他们你的真实想法,而不是攻击他们,那么,你的做法就伤害不到他们。就算他们真的受到了伤害,也会弄清楚前因后果。总之,猛烈抨击别人不是个好主意,除了使对方受到伤害,很难达到沟通问题的目的。如果不能真实地表达自己的情感,你将会换来越来越疏远的人际关系。

第三,懂得倾诉比争吵要好

假如你受到了侮辱,并且完全失去了控制情绪的能力,那么试着对假想"攻击者"说出你的愤怒,尽管这事很难做到。有的时候,你的对手会因此停止争吵,要放开你的情绪,不要为一点鸡毛蒜皮的事就生气。

第四,控制你说话的声音

突然提高声调说话,是你没有控制好情绪的表现。下面这个方法你不妨试试:当你的对手大叫时,你逐渐放低自己的声音和语速,那么你的对手在没有意识到的情况下，也会跟着你放低声音和语速。谁会在温柔的声音下大吼大叫呢？

第五，要容忍克制

哈佛专家经常告诉学生，宽容的心是最好的"灭火剂"。宽容的心态无异于为自己建立了一面防火墙。愤怒和火灾的处理过程是相通的，要想灭火，首先要控制火势，**避免怒火出现燎原之势**；其次是实行降温手段，去除那些引起火灾的原因；最后是加强安全措施，防患于未然。

一位著名散文家说过："沉默是最安全的防御战略。"如果感觉自己就要忍不住发脾气了，就要强迫自己不要说话，采取沉默的方法，这样会有助于缓和激情、使头脑冷静，因此，沉默可以作为一种保持心态平衡、抑制精神亢奋的灵丹妙药。为此，生活中遇到使自己容易发火的事时，在有条件的情况下，不妨采取"三十六计，走为上策"。眼不见，心不烦，怒气自然就消了。同时，试着用理性盖过自己的感性，并告诫自己："如果我这个时候发火，就会影响团结，把事情弄得一团糟。"心中默念：不要发火，息怒，息怒。生气时采取这个方法，一般会收到良好的效果。

第六，提高个人修养

易发怒主要是个性品质引起的。不懂礼貌、霸道、自私的品质和作风，放肆、神经质的性格类型，冲动、消极的意志品质，缺乏自控的习惯和能力等都易让人发怒。因此，要努力提高个人修养，在生活中逐渐养成自我克制的习惯。

第七，转移注意力

心理学研究结果显示，在受到强烈的刺激时，大脑会产生强烈的兴奋灶，此时如果能够有意识地在大脑皮质里建立另一个兴奋灶，用它去代替、抵消或削弱引起发怒火的兴奋灶，就可以平息怒火。

第一章 失落感会让人变得脆弱

第八，适当地安排娱乐活动

娱乐是消除心理压力的最好方法。娱乐的方式和内容并不重要，最重要的是要心情舒畅。

要谨记：制"怒"是维护身心健康的基石，是处理好人际关系的基本要求之一，是工作顺达的阶梯。

会使人失去自我的恐惧

从心理学的角度来讲，恐惧是一种因受威胁而产生并伴随着逃避愿望的情绪反应。恐惧反应的特点是对发生的威胁表现出高度的警觉。恐惧产生时，常伴着一系列的生理变化，如心跳加速或心律不齐、呼吸短促或停顿、血压升高、脸色苍白、嘴唇颤抖、嘴发干、身冒冷汗、四肢无力等，这些生理功能紊乱的现象，往往会导致或促使躯体疾病的发生。

人类的大多数恐惧情绪是后天获得的。在现实生活中，有很多人难以适应竞争激烈的社会，面临巨大的压力，以至于在生活中失去自我，会感觉到空虚，产生失落感，甚至对自己的未来产生恐惧心理。这种心理状态会导致两种结果，一是被恐惧压倒，变得颓废；二是绝地反击，走出精神的低谷。

事实上，真正意义上的恐惧来自于我们自己，而非事件本身。我们来看看下面的两个例子，就可以证明这一点。

第一个例子是：有位徒步旅行者在一场暴风雪中迷失了方向。后来他很幸运地走到一个小村庄，村里人把他带到其中一个人的家里，让他取暖、给他食物。

这时候，村里人告诉他："根据你刚刚过来的方向来看，显然你刚走过临近的一个湖，那个湖绵延几千米，湖上已结了薄冰。但是湖面上的冰结得还不够厚，在途中，你的每一步都可能使你掉进冰洞中淹死！"

旅行者在听了村里人的话后，竟当场吓得心脏病突发而死。

第二个例子是：在一次心理培训课上，老师拿着三个沙包在讲台上娴熟地抛来抛去，抛出的沙包画出一道道美丽的弧线，三只沙包在老师的面前井然有序地飞舞着，看得人眼花缭乱。

老师停了下来，向台下的学生发问："哪位同学敢保证，在今天晚上睡觉之前，就可以学会像我这样抛沙包？"

看着老师手中的沙包，想象着它们刚才飞舞的姿态，学生们只是相视而笑，并无一人举手。大家你一言我一语地议论着："这简直就是杂技，怎么可能在今晚之前就学会呢？""是啊！我想老师是天天练习才有这样的水平的。"

这时，老师微笑着打断了大家，他坚定地说："我敢肯定，在座的每个人只需练上三个小时，都可以学会！"

老师出乎意料的断言让台下的每个人都吃惊不小，大家似乎在用目光询问着："这是真的吗？""三个小时就可以学会，不可能吧？"

面对大家的疑惑，老师说："很多时候，我们不是被自己的能力打败，而是被我们想象中的敌人打败。我们会把任务想象得过于困难，于是我们学会了退缩；我们会把挫折想象得过于强大，于是我们学会了逃避；我们会把梦想想象得过于遥远，于是我们学会了放弃。我们有必要仔细地思考一下，我们的想象力真的在对自己说实话吗……"

接下来，每个学生都带着将信将疑的心态开始了抛沙包的练习，10分钟过去了，20分钟过去了，练习了一个多小时之后，大家基本上都学会了这项原来

第一章 失落感会让人变得脆弱

被认为很难学到的技能，每个人都体验到了超越"不可能"带来的快乐。

上述两个例子说明：没有任何事物比无中生有，被恐惧吓倒更愚蠢的了。很多时候，我们不正是被自己想象中的敌人打倒的吗？

恐惧是在可怕情景影响下产生的一种十分紧张的情绪反应。特别是当这种情景可使人具有重大意义的需要遭到剥夺时，如威胁到人的生命安全、名誉、前途或经济的利益时，恐惧的情绪就会支配人的整个身心。所谓"可怕情景"，并没有什么绝对的标准，它的产生主要是因为人缺乏处理或摆脱这种情景的能力。如地震的突然爆发、楼房失火等，都可使人处于恐惧之中。

恐惧会使人的知觉、记忆和思维过程发生障碍，失去对当前情景分析、判断的能力，并使人的行为发生异常。如旅馆失火时，住在旅馆的人常常显得慌乱、紧张、不知所措，他们争先恐后地往外跑，跑不出去就跳楼。

人的情绪是社会的产物。引起恐惧的对象不同，其具体情况也不同，消除恐惧的方法也不同。但是，既然恐惧是客观刺激的反应，就必须通过对客观认识的重新调整和训练使它发生变化。那么怎样消除恐惧的情绪，找回真正的自我呢？我们可以试着从以下这些方面去改善。

第一，树立正确的人生观

人生观不同，对事物的看法也就不同。有些人把个人的名利地位和物质利益看得太重，就可能经常产生不安全感。当这些受到威胁时，他们就会认为一切都完了，惊恐万分，难以自持。"无私才能无畏"，只有以天下为己任，把个人利益融入国家和人民利益之中的人，才能临危不惧，泰然处之。

第二，回避可怕的情景

碰上能引起恐惧的景物时，要尽量避开或排除它，恐惧的情绪很快就会缓和下来。

第三，学习有关知识

人对有些景物产生恐惧心理，与缺乏这方面知识，不明白其中的道理有关。如打雷、闪电，当你知道这是自然界正常的现象时，恐惧情绪就会缓解。

第四，强化训练，直接面对

对所惧怕的事物，要敢于去碰它、接触它，对那些事物习惯了，知道它"不过如此"，也就不怕了。如许多人开始时怕在会上发言，后来硬着头皮去讲，结果受到大家鼓励，以后会上发言就不会忐忑不安了，表情、动作也自然了。

按上述方法持之以恒，往往能有效地消除恐惧。

可能导致疏离人格的孤独

孤独是指因缺少所需的社会接触而形成的一种心理状态。一般来说，短暂的或偶然的孤独不会造成心理、行为的紊乱，但长期或严重的孤独可能引发某些情绪障碍，降低人的心理健康水平。孤独感还会使人增加与他人和社会的隔膜与疏离，而这种隔膜与疏离又会强化人的孤独感，时间长了，往往会导致疏离的病态人格。

有孤独感的人倾向于在社交时对他人和自己给予严厉的、苛刻的评价。许多有孤独感的人缺乏基本的社交能力，从而使他们无法与他人建立持久的关系。是什么原因导致人们的孤独感与日俱增呢？一般来讲有以下几个因素。

一是现代人的生活方式和生活环境。有些环境容易让人感到孤独，比

第一章 失落感会让人变得脆弱

如,孤单的环境,陌生的环境,突变的环境等。当今,忙碌已成为这个时代的主旋律。生存的压力,竞争的压力,使得人们平日里无暇审视自己的内心世界,生活看似很热闹,只是当繁华散尽,一些人才开始慢慢体会到孤单的滋味。另一种无奈是,出于种种原因,平时打交道最多的同事之间却很难建立起"亲密"关系。

二是自我意识增强。在青少年时期,自我意识开始觉醒并逐渐建立,产生了了解别人内心世界并被其他同龄人接受的需要。他们很关心自己在他人心目中的形象和地位,重视他人的评价。正因为这样,他们会将自己隐藏起来。一方面他们觉得自己心中有很多秘密,不愿告诉别人,有一种封闭心理;另一方面他们又特别渴望别人能真正地了解自己。这种需要得不到满足时,便会陷入惆怅和苦恼中,产生孤独感。

三是自我评价不当。如果一个人自我评价过低,往往会产生自卑心理,自卑心理严重的人往往缺少朋友,容易产生孤独感。而如果一个人自我评价过高,往往会产生自负心理,看不起别人,他们在交往中表现为不合群、不随和、不尊重他人,很容易导致他人的不满,因此,自负心理严重的人也往往缺少朋友,感到孤独。

四是过分地依赖电视和网络。看电视和上网,是现代人的两大休闲方式。很多人把有限的业余时间浪费在电视和网络上,忽略了与家人和朋友的沟通。虽然网络营造的虚拟世界,为人们发泄垃圾情绪提供了一个出口,但生活终归是要回到现实的。从虚拟世界回到现实中的人,更容易产生失落感,孤独的感觉会更强烈。

五是与人交往时缺乏技巧。人际交往需要真诚,需要热情,也需要技巧。有的人因为没有掌握交往技巧而失去朋友或得罪他人,破坏自己的形象。时常产生孤独感的人,往往对自己和周围人的认同感很低,这导致的直接后果是对周围的环境失去信任,对生活失去热情,懒得与人打交道。性格过于内向的人，其内心世界往往比较封闭，不善于主动融入周围的环境，所以难以交到知心的朋友。

六是情绪、情感障碍。情绪、情感成分是人际交往中的主要组成部分，人际交往中的情绪、情感障碍常常诱发人际孤独。常见的情绪、情感障碍有：害羞、恐惧、愤怒、嫉妒、狂妄等，其中，与孤独感密切相关的是害羞和恐惧。害羞和恐惧会使人产生逃避行为，从而避开与人交往的情境，离群索居，封闭自我。到了青年期，人在少年时代人际关系的特点继续发展着。但青年期人际关系发生着质的变化，主要表现在从精神上脱离对父母或成人的依赖，对新的友伴关系（特别是异性关系）的协调和适应，自我意识的进一步发展和完善以及对成人权威的抵触和反抗等方面。因而其人际关系具有广泛性、自主性、易变性和异性敏感性等特点。

每个人在一生中都或多或少地体验过孤独感。有孤独感并不可怕，但是如果这种心理得不到恰当的疏导或解脱而发展成习惯，人就会变得性情孤僻古怪，严重的甚至有可能会变成孤独症，这就需要心理医生的治疗了。以下是克服孤独感的一些方法，只要持之以恒，一定会收到意想不到的效果。

第一，修正和提升自我的个性

性格决定命运。一般来说，个性善良、宽容、开朗的人在人际交往中比较受欢迎，人缘较好，容易找到知己。虽然"江山易改，本性难移"，但性格还是可以慢慢修炼的，比如我们可以通过练习瑜伽来修身养性。

自卑的人觉得自己不如别人，所以不敢与别人接触，从而造成孤独状态。这如同作茧自缚，自卑这层茧不冲破，就难以走出孤独。其实，人与人不可相比，每个人都有长处和短处。所以，一个人只要自信一点，就会钻出自织的茧，从而克服孤独。

第二，敞开心扉，善待他人

只有敞开心扉，才能接纳友情。朋友不在多，在于"真"。人的一生

第一章 失落感会让人变得脆弱

中,总会遇到一些志同道合的朋友,不妨重点培养两三个"死党"。不需要天天打电话或见面,但一定要常常联系,保持友情的温度。当然,个人人际关系中,家庭也是很重要的一环,不可忽视。

但也有另一种情况。与人们相处时感到的孤独,有时会超过一个人独处时的十倍,这是因为你和周围的人格格不入。例如,你到一个语言不通的地方,由于你无法与周围的人进行必要的交流,也无法融入那种热烈的情感中,所以,你在他人热烈的气氛中会感到更加孤独。

因此,在与他人相处时,无论是什么样的情境下,都要做到"忘我",并设法为他人做点什么,你应该懂得温暖别人的同时,也会温暖你自己。

第三,戒掉一些"瘾"

电视、网络、游戏等,一旦上瘾,都比较危险,会让你没有时间和心情顾及身边的人。很多人习惯了从虚拟的网络世界寻求精神慰藉,岂知远水常常解不了近渴。过分地沉迷于网络,往往会让人的心灵变得更荒芜。当然,这并非全盘否定网络上的交流,只是,陌生人真挚的友情,常常可遇而不可求。

第四,享受大自然

生活中有许多活动是充满了乐趣的,只要你能够充分领略它们的美妙之处,就会消除孤独。如有些人遇到挫折,心情不好,但又不愿与别人倾诉时,常常会跑到江边或空旷的田野,让大自然的清风尽情地吹拂,心情就会逐渐开朗起来。

第五,向心理医生求助

长期的孤独感容易引发精神上的疾病,比如抑郁症。倘若孤独感已经使你产生了严重的焦虑、烦躁不安等负面情绪,那么,放下所谓的面子,及时地去看心理医生。

第六,学会享受孤独

有人说,孤独是现代人的通病。有时,因为很多现实层面的原因,我们无法在短时间内消除孤独感。有些人封闭自己，可能是出于一种自我保护的本能，但同时，这也向他人摆出了一种拒绝的姿态，会让周围的人对你敬而远之。独自生活并不意味着与世隔绝，虽然客观上对与外界交流造成困难，但依然可以通过某些方式达到交流的目的。如当你感到孤独时，可翻翻旧日的通信录，看看你的影集，也可给某位久未联系的朋友写信。

当然与朋友的交往和联系，不应该只是在你感到孤独时，要知道，别人也和你一样，需要并能体会到友谊的温暖。驱除孤独感很重要的一条，就是要尽力改变自己。孔子曾说过："独学而无友，则孤陋而寡闻"。一个人的时候，给自己安排一些感兴趣的事情，读读书，听听音乐，从事自己的业余爱好等。每个人都会有孤单的时候，在属于自己的时间里满足自己的兴趣爱好，乃是人生的一种乐趣。

总之，孤独者不妨放下心理包袱，好好享受孤独吧。毕竟，孤独本身并不是病，不必因为一时的孤独而过分紧张。

可使人丧失良知的嫉妒

嫉妒心理是在自己不如别人优越而有了失落感时才会产生的。嫉妒是指人们为竞争一定的权益，对相应的幸运者或潜在的幸运者怀有的一种冷漠、贬低、排斥、甚至是敌视的心理状态。嫉妒俗称为"红眼病""吃醋""吃不到葡萄说葡萄酸"等。嫉妒，就内心感受来讲，前期依次表现为由攀比到失望的压力感；中期则表现为由羞愧到屈辱的心理挫折感；后期则表现为由

第一章 失落感会让人变得脆弱

不服、不满到怨恨、憎恨的发泄行为。嫉妒是一种比较复杂的心理，它包括焦虑、恐惧、悲哀、猜疑、羞耻、自咎、消沉、憎恶、敌意、怨恨、报复等不愉快的心理状态。如别人天生的身材、容貌和逐渐显出来的聪明才智，可能成为被嫉妒的对象；其他如荣誉、地位、成就、财产、威望等有关社会评价的各种因素，也都容易成为被嫉妒的对象。

导致嫉妒的原因一般有以下三个方面。

一是嫉妒源于同一领域的竞争。通过观察，我们可以发现，嫉妒心理是具有等级性的。只有处于同一竞争领域的两个竞争者才会有嫉妒心理和嫉妒行为。如一个女子的多个追求者之间，一个职位的两个同事之间，为了争取考试排名第一的同班同学之间；同一竞争领域且经常接触的两个人之间往往会产生强烈的嫉妒心理。人只会嫉妒与自己处于同一竞争领域的、表现比自己强的人，而不会嫉妒处于与自己不在一个领域的人，也不会嫉妒同一竞争领域里表现比自己弱的人。周瑜嫉妒诸葛亮是因为诸葛亮和他同处一个领域并且能力比他强。白雪公主被后母嫉妒，是因为在竞争谁的容貌更美这一领域里白雪公主比后母更漂亮。

二是嫉妒源于某种被破坏的优越感。人只有在自己具有优越感并被别人超越时才会产生嫉妒。如果不具有优越感，他只会表现为自卑和羡慕，而不会有任何的嫉妒。如，我们经常见这样一种情形，小孩看到别人的父母抱自己的孩子时会产生羡慕的心理，但不会嫉妒。可是当他看到自己的父母抱着的是别人的孩子时，他就不乐意了。为什么呢？这是因为他在别人的父母面前不具有任何优越感，但在自己的父母面前却具有绝对的优越感。这是小孩身上最明显的嫉妒心理。同样，一个一无所有的乞丐绝不会嫉妒皇帝的权力、地位、财富，因为与皇帝相比，他从未在这些方面产生个人优越感，因此不可能嫉妒。

三是嫉妒源于唯我独尊的心理与报复心理。我们每个人在一生下来，就都先天具有一种强烈的唯我独尊的意识，即自己是最重要的，是最强的，是不容置疑的第一号人物，这就是人人都有的唯我独尊心理。当有人把自己当成是最重要的人或自认为是最强者时，会表现出很喜悦，很安慰，很高兴的情绪。而相反，当有人认为自己不是最重要的人，承认自己确实不如别人时，常常会表现出自卑、伤心、不安、焦虑、烦躁以及恐惧等情绪，伴随而来的往往是痛苦。这就是说，唯我独尊心理是与人的焦虑反应紧密联系在一起的，是能够让人有痛感，有负面情绪的。当人们发现自己不如别人，发现自己不是最强的人，而是最弱的，最可怜的人，这一信息会严重挫伤每个人的唯我独尊心理。而根据这种心理的特点我们能够知道，被挫伤的唯我独尊心理往往会伴随着自卑、伤心、不安、焦虑、烦躁、恐惧等负面情绪，而这些情绪又会让他很痛苦。此时人的报复心理机制往往会被启动，往往会采取措施对该人进行报复，对卓越者进行人身伤害、财物破坏以及言词伤害。这是事情发展到这一地步时很正常的现象，除非一个人能够有效地克制住自己。

　　嫉妒心理是人的一种很普遍的心理。人都有唯我独尊心理和报复心理，所以人都可能会产生嫉妒心理。而唯我独尊心理和报复心理都特别强烈的人，则是嫉妒心理最容易爆发的人。嫉妒心理是危险的，其后果往往也是严重的，当然，它的出现常常是不可避免的，但是通过教育和引导，我们是可以把嫉妒心理所带来的危险降到最低的。

　　嫉妒心理可以使人丧失做人的良知。嫉妒心理不但影响身心健康，还影响着人们的学习和工作。嫉妒心直接影响人的情绪，而不良的情绪会大大降低学习效率或工作效率。另外，嫉妒心太强可能使我们结交不到知心朋友。嫉妒心强的人往往事事好胜，常想方设法阻止别人的发展，总想压倒别人。这可能会使同学、朋友想躲开你，不愿与你交往，使你处于不良的人际关系氛围中，令你感到孤独、寂寞。那么，如何克服嫉妒心理呢？

第一章 失落感会让人变得脆弱

第一，提高道德修养

封闭、狭隘的思想意识会使人变得鼠目寸光,因此,应该不断地提高自身的道德修养,不断地开阔自己的视野,与人为善。

一个人要心胸开阔,要懂得"天外有天,人外有人","强中自有强中手"。让我们坚信,太阳的光芒普照大地,它给予每个人的,都是一样的温暖;上帝对每个人都是公平的,你这一点不如别人,你总会找到比别人好的地方。让我们坚信,这个世界,只有大家都好了,它才会更美好。这个世界,只有互相尊重,它才会更文明。让我们记住,自己不如别人,不是别人的过错,别人不应该受到惩罚,而是自己应该更加努力,向别人学习才行。

第二,客观地评价自己

一个人在嫉妒别人时,总是注意到别人的优点,却注意不到自己比别人强的地方。其实任何人都有不如别人的地方,当别人在某些方面超过我们时,我们可以有意识地想一想自己的哪些地方比对方强,这样就会使自己失衡的心理重新恢复到平衡的状态。聪明人会扬长避短,寻找和开拓有利于充分发挥自身潜能的新领域,这样在一定程度上补偿先前没能满足的欲望,缩小与被嫉妒对象的差距,从而达到减弱乃至消除嫉妒心理的目的。

第三,见强思齐

嫉妒往往给被嫉妒者带来许多麻烦和苦恼,此时人如果能换位思考就会收敛自己的嫉妒言行。一个人不可能在任何时候都比别人强,人有所长,也有所短。人固然应该喜欢自己、接受自己,但还要客观看待别人的长处,这样才能化嫉妒为竞争,才能提高自己。

第四,转移注意力

当我们有很多事情要做时,我们就无暇去嫉妒别人。因此,积极参与各种有益的活动,努力学习,勤奋工作,使自己真正地充实起来,那么,嫉妒的毒素就不会滋生、蔓延。

第五，学会自我宣泄

最好能找知心朋友、亲人痛痛快快地说个够，他们能帮助你阻止嫉妒朝着更深的程度发展。另外，可借助各种业余爱好来宣泄和疏导自己的情绪，如唱歌、跳舞、练书法、下棋等。

总之，对别人产生了嫉妒并不可怕，关键要看你能不能正视自己的嫉妒心理。让我们克服嫉妒心理吧，为世界上每一个人的进步和成功而高兴，为别人比自己好的地方高兴，永远保持欣赏别人的美好情怀。

忧郁是时代特有的符号

忧郁是由多方面的不良感受组成的一种反映心理压力的情绪。如自卑感、认同危机感、失落感、孤独感、负罪感、自责、失望等。这些方面的不良感受往往会使人表现出抑郁寡欢、忧心忡忡、伤感、烦闷和愁苦的心态。忧郁是人的一种心理感受，是不快乐不高兴的表现，是一种被动消极的情绪。

人类的情愫有七情六欲，忧郁是其中的一种，它不分性别，不分年龄，不分国界，不分职务，更不分种族，因此，忧郁是时代特有的符号，可以跨代蔓延。在我们的生活中，从"60后"到"90后"，每个人都或多或少地有过忧郁的感受，而忧郁的时候，就是人最脆弱的时候。

"60后""70后"大部分还在感受"文化大革命"的余波，接受的也大都是正统的教育，经历了"由大锅饭到联产承包"、"由计划到市场"的社会转型。其实他们并不缺少来自家庭、学校甚至单位领导的赞许。但是，在市

第一章 失落感会让人变得脆弱

场经济飞速发展的年代,他们容易受到很多的诱惑,而且缺少方向感,因此感到困惑而且忧郁。

现阶段的时代脉搏,总让"60后""70后"心律不齐,忽高忽低。一方面,受正统教育的根深蒂固的影响,总是想做好男人或好女人、好职员、好同事、好家长、好子女之类的好人,总想着自己能"修身齐家治国平天下",做一个有"精神"、有"价值"的人。另一方面,在日益世俗化和多元化的社会潮流中,各类诱惑已成了他们难以超越又不能不走的沟坎。于是,他们被现实和良知扯在半空中,于是就有人说:"想上,上不去,想下,下不来,既不能'雅'得坚挺,又不能'俗'得自然。"他们能感知现实,却从不正视现实,而总是怀疑现实,总在现实中久久地抱着理想的碎片痴痴地幻想,他们可谓是20纪最后的理想主义者。

由于理想难以实现,而现实生活却又让他们感到没有足够的意义和价值,他们变得表面沉默而内心浮躁,看似坚强却很脆弱。于是,他们怀疑现实,玩弄深沉,挣扎、忧郁、彷徨。"我们注定是复杂的存在,是被'物质'与'精神'拉扯着的,是被现实与良知争夺着的,是在坚守与放弃中忧郁着的。"

现在的"80后""90后"可谓是条件优越的群体,而正因为如此,他们就越容易忧郁,越容易不满。由于那些在别人眼里只能是奢求的美好,在他们心里却是正常无比的东西。对于他们来说,一点点不顺心对于他们而言就是莫大的不公道。由于他们没有逆境的生活经验,更没有经历过苦难。而一个处在高处的人,是无法看清他脚下的状况的。因此,当他们的要求得不到满足时,就觉得委屈了,忧郁了。

"80后""90后"的忧郁,在某种程度上是一种无中生有的忧郁,由于它很多时候是一种无病呻吟的忧郁,是跟风式的忧郁。当一个不成熟的个体,发现他身边有那么多忧郁的人的时候,看见那么多忧郁的文字的时候,往往他就会想起自己的忧郁，而那些不愉快的过往在忧郁的氛围里被无穷地放大。在这样一个基调下，于是很多人便"被"忧郁了。

既然我们已无法回避这些问题，我们将注定是一个复杂的存在，那我们就坦然地面对忧郁吧。谁也不能让困境消失，每个人必须鼓起勇气，镇静地面对它。为此，我们可以利用忧郁来自我提醒，自我鞭策：我们没有骄傲的资本，没有不劳而获的机会，没有太多的时间，我们该好好把握自己，在这特有的时代创造出自己激情燃烧的岁月。

让我们远离忧郁，更积极地塑造我们的精神家园。

情绪认知是个性成熟的重要标志

情绪是我们最熟悉、体会最深的一种心理活动，我们每个人都有情绪反应，而喜、怒、哀、乐是最基本的情绪状态，每个人都在反复体验着这些情绪。那么，情绪是怎么一回事呢？

一般认为，情绪是个体感受并在认识到刺激事件后而产生的身心激动反应。这里所说的刺激事件不仅指来自外部环境的某种刺激，诸如一只色彩斑斓的蝴蝶、一句滑稽的话、一声婴儿的啼哭等，而且还包括来自个体内部的生理上的以及心理上的刺激，如胃痛或牙痛、饥饿、干渴、气喘、心跳等属于身体内部的生理刺激。它们都会引起你的情绪反应。

人类拥有数百种情绪，它们或泾渭分明（如爱恨对立），或相互渗透（如悲痛中有愤恨），或大同小异。这些情绪彼此混杂，十分微妙，往往只可意会

第一章 失落感会让人变得脆弱

难以言传。在纷繁复杂、云谲波诡的情绪面前，语言实在是有点苍白无力。

人的基本情绪有以下几种。

一是快乐。快乐是一种愉快的情绪，是人的需要得到满足时产生的喜悦体验。

二是愤怒。愤怒与快乐是相对的两极，怒是由于事与愿违，期望不仅未能如愿，反而出现根本不愿意见到的东西，使原有的紧张不仅没能解除，甚至出现更加严重的心理上的压力体验，或突然遭到意外，瞬间引起的心理感受。

三是悲哀。悲哀产生于所热爱和所盼望的事物突然消失或泯灭，是心里感受到的失落、空虚、渺茫、不知所措，是心理上另一种刺痛的体验。

四是恐惧。恐惧是一种极度紧张的心理状态，极端严重时可有濒死感、失控感、大祸临头感，并且往往伴有明显的生理变化，如面色苍白、呼吸急促、小便失禁、冒虚汗等。

在体验各种情绪的过程中，你一定有过这样的经历：上午的时候兴高采烈，看什么都顺眼，可到了下午，不知怎么的，情绪一落千丈，觉得什么事都不顺心。可你知道吗，有人因为这种情绪变化差点与诺贝尔奖擦肩而过，留下终生遗憾。

有一天，德国的一位著名化学家由于牙病，疼痛难忍，情绪很坏。他拿起一位不知名的青年寄来的稿件粗粗看了一下，觉得满纸都是奇谈怪论，顺手就把这篇论文丢进了纸篓。几天以后，他的牙病好了，情绪也好多了，那篇论文中的一些奇谈怪论又在他的脑海中闪现。于是，他急忙从纸篓里把它捡出来重读了一遍，结果发现那篇论文很有科学价值。他马上给一家科学杂志社写信，加以推荐。那篇论文发表后轰动了学术界，该论文的作者后来获得了诺贝尔奖。想想看，如果这位化学家的情绪没有很快好转，结果会怎样呢？

我们的情绪在很大程度上会受我们的观念以及思考问题的方式的影响。

如果是因为身体的原因而使自己产生不愉快的情绪，则可借助药物来改变身体状况。但我们非理性的思维方式就像我们的坏情绪一样，具有自我损害的特性，而且难以改变。这正是情绪不易控制的真正原因。

情绪对人最直接的影响在于身体。心理学家认为，正向情绪经验（包括乐观、高兴、得意、希望、爱、轻松等）有助于增进个人的生活适应性，缩短生病时的痊愈期，增强生命的意志力，发挥个人潜能、提高工作效率，虽未必能治病，但有助于促进健康。适度的负向情绪发泄，可以排遣潜在的心理压力，有助于身心的内在平衡。但过度的负面情绪经验对身心健康有一定程度的负面影响，它会影响内分泌，降低个人免疫系统功能。研究发现，长期焦虑、悲伤、悲观、紧张、敌意和严重猜疑别人的人罹患疾病的概率比其他人高出很多。

情绪会对一个人产生严重的影响。在人的生命中哪一次经历如果形成或产生了情绪，都会以感觉的形式存储在人的心灵中。当生命中再次出现类似的境遇时，人的思想就会从心灵中将以往相关的情绪和感觉调出来，就好比打开了计算机的程序，人的行为就会不受自我意识的控制，按照以往所编制好的心灵程序进行运转并产生相应的结果。

许多人在婚姻、事业、人际关系、财富、健康等方面苦苦追求，百般努力却终究无果，甚至落得许多烦恼、伤痛。殊不知问题的根源在于，自己生活在一个由自己过去的经历所创造的程序中，一个由自己人生经历所产生的情绪，会随时随地地被编制到生命程序中并进行储存和自动运行。因此，情绪认知是认识和洞察人们内心世界的重要尺度之一，它标志着个性成熟的程度。健康的情绪是健全人格的必要条件之一。

我们几乎每天都要表达自己的情绪，如"今天我高兴""我现在很懊恼""昨天那事让我感到很难过""吓死我了""真恶心""我喜欢你"等，也会描述他人的情绪，如"他太紧张了""这人怎么这么开心""他父亲对他很

第一章 失落感会让人变得脆弱

生气""昨晚圣诞节舞会上,大家都很兴奋"等。情绪是我们每个人不可缺少的生活体验,情绪是有血有肉的生命的属性,"人非草木,孰能无情"。可见,情绪的好和坏事实上与我们自己的心态和想法有关,与刺激关系并不大,一件事,在别人眼中看着是悲哀的,在你眼中也许就是快乐的,区别在于你自己怎么想。只有那些能够有效控制自己情绪的人,才是一个心智及个性成熟的人。

第二章 唤醒深层文化意识

个体意识的发育对个人的生活态度、人生道路和社会行为等都有着直接的影响。树立自觉的文化意识不仅是时代的召唤，也是个人成材并获得长足发展的必由之路。在实践中，如果我们能够对自身进行深刻的审视，唤醒和提高自身的道德精神、责任意识、进取意识、创新意识、经济意识、家庭意识，就会离成功更近一些。

第二章 唤醒深层文化意识

树立自觉的文化意识的意义

在现实生活中，如果我们致力于提高自身的文化意识，能够对自身进行深刻的审视，树立起自觉的文化意识，就会使我们的人生大放异彩，因为文化的目的就是为了实现人自身最大价值的重建。事实上，树立自觉的文化意识不仅是时代的召唤，也是个人成材并获得长足发展的必由之路。

树立自觉的文化意识具有以下意义。

第一，有助于达到"博学多才，厚积薄发"的境界

自觉的文化意识首先是对灿烂的民族文化强烈的认知渴望和探索需求，即对独具特色的语言文字，浩如烟海的文化典籍，嘉惠世界的科技工艺，精彩纷呈的文学艺术，充满智慧的哲学宗教，完备的道德伦理等中国文化内容产生浓厚的兴趣和学习、吸收的动力。而中国的文化综合性非常强，处处从总体、从联系、从动态功能去把握事物，充满丰富的辩证法思想，如果能长年累月不懈地"博学之，审问之，慎思之，明辨之，笃行之"，无疑能达到"格物、致知、广才、融会贯通"的境界，达到"沉浸浓郁，含英咀华"的效果。这一效果体现在工作中最常见的就是"下笔如有神""妙笔生花"等。像这样对传统文化的继承、实践和发扬，就是古代文人赖以安身立命、出将入相的所在。

当代社会仍然需要这样的生存机制和创造机制，以使历史得以延续、发展和飞跃，使社会的精神成果和物质成果得以保存和实现，所以，具有丰富的文化底蕴的人，无疑也具有巨大的名利双收的人生价值。

第二，有助于不断地加强自身修养

文化意识包含着使自己达到某种"美、善、德"标准的含义。即个人有主动将修养内化的意向。个体在自觉学习、传承文化的过程中，会逐渐认识到修养的思想准则和衡量尺度，而以儒、道两家思想为主干的中国文化是一种伦理本位的文化，他们无不以道德实践为个人修养的第一要义。儒家提出："大学之道，在于明明德，在于亲民，在止于至善。"这就道明了加强个人修养是一个明德正心，诚意亲民，美善修身的过程。

当然，具备自觉的文化意识的人，本身存在一种去芜存菁的内在机能，他会自觉地将上述的封建糟粕剔除，而积极吸收并发扬那些古今一以贯之的传统美德，并使其具有时代的意义。一个人如果长期坚持向内探求、认识自身，那么他小则能知明而行无过，大则能养浩然之气，具备崇高的气节和操守，能不计成败利钝，不问安危荣辱，形成以天下为己任的精神气概和宽广胸怀，能把社会责任与个人道德自我统一起来。

正是这样一种内外兼修的自觉意识，将积极促成个体道德品质方面审美人格的形成。由此一方面使得良好的职业道德的养成变得水到渠成，另一方面，这种由己及人、发自内心的人格力量将不断使其人际关系得到改善、变得融洽。这诚然是现代人才的必备素质，更是成功的催化剂。

第三，有助于树立自强不息、刚健有为的、积极的人生态度

自觉的文化意识是对文化实践和创造的自觉而顽强的追求，在这个不懈追求的过程中，肯定会受到来自于中国文化精神的强烈的精神激励和价值整合功能的影响。

在中国文化典籍中，"天行健，君子以自强不息"等表述，深刻地表达了中国文化精神中"刚健自强、积极有为"的思想。这种文化精神的实质是强调人的自立精神和反对庸碌的消极人生，强调不断学习、不断进步的精神,激励人们坚持独立的人格和气节,形成"富贵不能淫,贫贱不能移,威武不能屈"这样的大丈夫气概。这种文化精神的实质是一种积极的人生态度:首先,担当正义,不屈不挠;其次,为崇高的理想不懈奋斗,鄙视饱食终日无所用心的人生态度;最后,刚健而文明,刚健而中正,不妄行,不走极端。

树立自强不息、刚健有为的积极人生态度,人们才能在竞争日益激烈的信息化、科技化的社会文明中立足,才能在学无止境的职业生涯里,保持住蓬勃向上、永无休止的再学习、再修养、塑造自我审美人格的精神动力,这无疑会大大增强个人走向成功的向心力,而丰富多彩、光辉绚烂的人生才会由此展开。

第四,有助于形成"文质彬彬"的书卷气质

无论做学问还是创事业,乃至于养身体,都符合"功到自然成"的道理。而"文以载道,书可养年",如果长年对文化进行不舍的追求,在潜移默化之中,就肯定会获得一种诗意的智慧和倜傥风华的书生意气。于是,就能够在言谈举止、字里行间洋溢出一种异于"凡夫俗子"的神韵、气息和颇具辐射力的人性魅力。这种经过常年文化洗礼而沉淀的内在美和外在美的统一,是人生最美丽动人的修饰,肯定能够大大满足企业对职员的个人仪表气质的要求。

总之,一个优秀的人才,应是博采民族灵魂之光,集雄浑、浩茫的文学艺术才能,博大宽容的哲思,兼收并蓄、生生不息的进取精神等文化气象于一身。而只有具备自觉的文化意识的人,才能自觉地把自己塑造为这样优秀的社会成员。也只有这样,才能使自己在职业生涯中乘风破浪、兼济天下。

唤醒和重建道德精神

道德意识是人们在长期的道德实践中形成的道德观念、道德情感、道德意志和道德理论体系的总称。道德意识可分为个体道德意识和群体道德意识。这两者是统一的，表现为人们共同承认和遵守的一定的道德原则和规范。

道德意识具有这样的特点：一是以应当怎样或不应当怎样、善或恶、好或坏、高尚的或卑下的等方式，反映个人的行为对于社会或他人的价值；二是调节人们的道德行为。个人道德意识是社会道德意识在个人意识中的深化，因而它总是体现着和从属于某种社会道德意识。个人道德意识是构成个人道德品质的重要因素。一般来说，人们只有将一定社会或阶级的道德要求首先变为自己稳定的个人道德意识，才会真正形成相应的道德行为，并由此养成符合这一社会或阶级要求的道德品质。这就是道德观。个人道德观是个人在自己的价值观基础上，在认识世界的过程中形成的基本稳定的行为规则。

资本来到人间，其唯一的道德与责任只有一条，即增值，且是永无止境的，但问题的关键在于以什么样的途径和方法来获利。当下中国正处于社会转型期，种种不良现象受到社会的普遍关注，假烟、假酒、假药、假鸡蛋、假粉条、假辣椒面、染色馒头，卖含有致癌物的地沟油，奶粉里加三聚氰胺，这些都在间接或者直接地杀人害命……在种种不良现象的背后，都凸

第二章 唤醒深层文化意识

显出道德堕落的问题。我们应当追问，在中国的社会转型期，一些人表现出的自私自利、寡仁寡义、人性扭曲、心灵冷漠、精神病态、良知丧失、道德堕落、信仰危机，以至于突破道德底线，践踏法律，其深层的原因究竟是什么呢？一方面，是因为缺乏对生命的认识、关怀和敬畏的意识；另一方面，是因为缺乏对人生意义、价值与幸福的理解与追求。而当这两者都缺乏的时候，人性之恶必然会突破道德的底线。因此我们要唤醒道德意识、重建道德精神，没有人能够置身事外。

在个人价值观中，个人对客观世界、社会历史的认知程度，对自我角色的定位角度等，从根本上确立了道德观中的行为角色、行为定义，确立了规则的建立角度。个人道德观的变化，首先是个人经验的变化，只有逐渐提高个人的认知能力，并形成新的个人价值观，才能最终确立新的个人道德观。个人道德观是指用来指导个人行为的原则或规则。那么，在当下的社会转型期，如何唤醒我们的道德意识，树立正确的个人道德观呢？

第一，树立正确的道德价值观

热爱本职、钻研本行、忠于职守，这是工作中最基本的道德要求。每个人都应充分认识到自己工作的地位、性质和意义，了解本职工作在社会中的重要性，才会产生约束自己行为的自觉性，树立强烈的责任感和使命感。人们只有做到干一行、爱一行、钻一行，才能在本职工作中做出成绩来。

第二，树立正确的道德理想

每个人都渴望获得成功，都在努力寻求"理想"的职业。这是人生的一种自然追求，是人进取的原动力。但是我们也要认识到，个人的能力、经历、学历等与社会的需求不一定相符，一个人应该既要有崇高的理想追求，同时更应该面对现实，真正地认识自己，选择最适合自己个性特点的职业，从而实现自己的人生价值。

第三，培养敬业精神

敬业就是热爱本职工作。没有对职业的荣誉感，就不可能产生敬业精神。这种职业荣誉感，又是建立在正确的道德价值观和道德理想之上的。因此，必须不断增强自己对职业的荣誉感、使命感，使之化为对职业追求的具体行为。

第四，养成良好的道德习惯和行为

按照社会要求进行自我教育、自我改造、自我培养的道德活动，是我们提高道德觉悟的主要途径，也是完善人格的必经之途。为此要注意提高自己的综合素质，务求言必信，行必果，光明磊落，办事缜密，精益求精。

总之，加强道德修养是一个积累、渐进的过程，只有平时不断积累，才能使自己真正成为一个职业道德高尚的人，一个有觉悟的人，一个有益于社会的人。

重于泰山的责任意识

责任是一种能力，又远胜于能力，责任是一种精神，更是一种品格。对自己不喜欢的工作，毫无怨言地承担，并认认真真地做好，这就是责任。责任无处不在，存在于每一个社会角色中，父母养儿育女，老师教书育人，医生救死扶伤，工人铺路筑桥，军人保家卫国……这些都是责任。人在社会中生存，就必然要对自己、对家庭、对集体甚至对祖国承担并履行一定的责任。

有一句话说得好："责任重于泰山！"只有能够承担责任、善于承担责

第二章 唤醒深层文化意识

任、勇于承担责任的人才是可以信赖的人。决定一个人成功的重要因素除了智商、领导力、沟通技巧等外,还有责任。

所谓责任意识,就是清楚明了地知道什么是责任,并自觉、认真地履行社会责任,把责任转化到行动中去的心理特征。有责任意识,再危险的工作也能减少风险;没有责任意识,再安全的岗位也会出现险情。责任意识强,再大的困难也可以克服;责任意识差,很小的问题也可能酿成大祸。有责任意识的人,受人尊敬,招人喜爱,让人放心。责任意识是一种传统美德。

人们最熟悉的,最应该做到的,往往又是最难以做好的。责任意识也是这样。如何提高责任意识呢?要从以下三方面来践行。

第一,加强责任意识教育

责任意识教育主要应从大、小两方面来进行。

大的方面是引导人们树立正确的世界观、人生观和价值观,把个人的前途、命运融入中国特色社会主义的伟大事业中;着眼于服务和奉献,引导人们服务他人、奉献社会,在这一过程中实现个人的正当利益;着眼于爱国主义和集体主义,引导人们把国家、集体、个人的利益有机地结合起来,坚持国家利益、集体利益高于个人利益;着眼于职业道德和职业精神,引导人们把职业目标同远大理想结合起来,在自己的岗位上忠实地履行对社会、对国家、对人民的责任,自觉地把责任意识融入"全心全意为人民服务"的行动中去。

小的方面是做好自己的本职工作,每个人的尽责是对集体的尽责,每个集体的尽责是对社会的尽责。让我们在全社会共同营造一种这样的风气和氛围:负责任光荣,不负责任可耻。

第二,培养勇于负责、敢于负责的精神

勇于承担责任是中华民族的优良传统。大禹治水"三过家门而不入",诸葛亮任事"鞠躬尽瘁,死而后已";范仲淹挥笔写下"先天下之忧而忧,后天下之乐而乐",文天祥高歌"人生自古谁无死,留取丹心照汗青",林则徐明志"苟利国家生死以,岂因祸福避趋之"。不怕牺牲、尽忠职守、利居众后、责在人先,是这些仁人志士薪火相传的思想标杆,是后世子孙生生不息的精神动力。

第三,实行责任制

讲责任,也要讲责任制,有履责要求,也要有责任追究。落实责任制,一在履责,二在问责,没有问责,责任制形同虚设。只有把责任和责任制统一起来,把履责和问责结合起来,才能在全社会确立起一种良性的责任导向,使人们增强责任心、提高责任意识。

让我们听从责任的召唤,承担起自己的每一份责任。

培养和强化进取意识

进取意识是一种向上的、立志有所作为的精神状态,意思与进取心相近,但更能体现主体的决心和魄力。进取意识是指人所具有的一种进取精神和积极向上的心理状态。进取精神是中华民族精神的核心内容之一,它是形成健全人格的重要心理品质,也是一个成功者必备的心理素质。

进取意识是人生的动力,有了它,人才能够克服困难,勇往直前。正如一位著名作家所说的:"一个人追求的目标越高,他的才力就发展得越快,对社会就越有益。我确信这是一个真理。"古今中外的成功者都有强烈的进取意识。例如著名的美国发明家爱迪生,我国明代杰出的医药学家李时珍等,

第二章 唤醒深层文化意识

都是一生有远大目标和强烈进取意识的著名人物。

进取意识具有三个明显的特征。

一是目标明确。进取意识必须同明确的目标联系起来,没有明确目标的进取意识是虚幻的,不现实的。例如一代伟人周恩来从青少年时代起就确立了"为中华民族的崛起而读书"的宏伟目标。在这个目标的激励下,他在半个多世纪的革命生涯中,不畏艰险,忍辱负重,鞠躬尽瘁,为中国人民的解放事业和社会主义建设事业作出了卓越的贡献。

二是力争上游。进取意识是一种不满足现状、永远进取的心理状态。这种心态要求人们不断超越自我,向更高的目标迈进。例如在运动场上,面对激烈的竞争,"不进则退"是客观规律。运动员们只有不断进取,追求"更快、更高、更强"的体育精神,才能不断超越自我,取得更好的成绩。

三是意志顽强。进取意识应与顽强的意志相伴。要取得事业的成功,仅有进取意识是不够的,还必须具有顽强的意志。因为在超越自我、实现目标的过程中,往往会遇到很多困难,因此需要有坚韧不拔的意志和藐视困难的气魄。

一个人的进取心、上进心不足,显然是无法适应这个社会的。那么怎样培养和强化进取意识呢?

第一,破除自满观念,树立强烈的事业心、责任感

要保持清醒的头脑,对自己有正确的认识,站在新的历史起点上以更高的标准审视自己,坚决摒弃骄傲自满、沾沾自喜、自我欣赏、自我满足、停滞不前的思维定式和小富即安的保守思想,不断弘扬自强不息、勇攀新高的进取精神。认真剖析和切实解决思想观念、思维方式等方面存在的问题,以展望全球的视野、奋发向上的闯劲、大有作为的抱负、负重前进的韧劲,不断取得新突破,创造新业绩。

第二,要保持豁达大度的胸怀

当我们遇到困难、挫折时,要想保持心态的平静,要不影响到自己的事业心、责任感，就需要我们有豁达大度的胸怀。豁达大度，表现为在小事上不较真，不为小事斤斤计较。人生在世，谁都会碰到这样或那样的令人不快的小摩擦、小冲突。别人一触犯自己就犯颜动怒或者耿耿于怀，这样只会把自己孤立起来，工作上也会越来越不顺心。

第三，要有自己的目标和追求

做人要有目标、有追求，这是我们事业心、责任感的基础，干工作也是这样，不管干什么工作，你都要对工作要干成什么样心中有数，这样才会有标准，有方向，这是事业心，责任感的具体体现。

第四，要强化以身作则的表率意识

一个人的责任是多方面的，在社会上，要对家庭和亲人负责；在工作上，要对上级和下属负责。这里面最重要的责任，就是要以身作则，这是我们各项责任的统一点。无论哪一个人，在家里，你不会让家人感到无所依靠，你不会让孩子沾染不良习气；在工作上，你不会让上级感到对你不放心。要时刻不忘自重、自省、自警、自励，做到知行统一，学用统一，说做统一，表里统一，律人与律己统一，"勿以恶小而为之，勿以善小而不为"。

"进取精神，人有之则生，无之则死，国有之则存，无之则亡。"一百多年前，我国一位近代思想家就将有无进取精神视为小至个人、大至国家生死存亡的关键。当前，社会正处在实现跨越式发展的关键时期，人们面临的机遇前所未有，面临的挑战也前所未有，只有始终保持良好的精神状态，永不自满，永不懈怠，积极进取，才能在激烈的竞争中抢得先机，率先发展，最终取得成功。

| 第二章 | 唤醒深层文化意识

培养创新意识及能力

创新意识是指人们根据社会和个体生活发展的需要，引起创造前所未有的事物或观念的动机，并在创造活动中表现出的意向、愿望和设想。它是人类意识活动中的一种积极的、富有成果性的表现形式，是人们进行创造活动的出发点和内在动力，是创造性思维和创造力的前提。

创新意识具有如下特征。

一是新颖性。创新意识或是为了满足新的社会需求，或是用新的方式更好地满足原来的社会需求，创新意识是求新意识。

二是社会历史性。创新意识是以提高物质生活和精神生活水平需要为出发点的，而这种需要很大程度上受具体的社会历史条件制约，在阶级社会里，创新意识受阶级性和道德观的影响和制约。人们的创新意识激起的创造活动和产生的创造成果，应为人类进步和社会发展服务，换言之，创新意识必须考虑社会效果。

三是个体差异性。人们的创新意识和他们的社会地位、文化素养、兴趣爱好、情感志趣等相对应，它们对创新能起重大的推进作用。而在这些方面，每个人都会有所不同，因此对于创新意识既要考察其社会背景，又要考察其文化素养和志趣动机。

创新意识的培养和开发是培养创造人才的起点，它可以激发人的主观能动性、创造性，从而使人自身的内涵获得极大的丰富和扩展。创新意识包括创造动机、创造兴趣、创造情感和创造意志。创造动机是创造活动的动力因素，它能推动和激励人们发动和维持创造性活动。创造兴趣能促进创造活动的成功，是促使人们积极探求新奇事物的种种心理倾向。创造情感是引起、推进乃至完成创造的心理因素，只有具有正确的创造情感才能使创造成功。创造意志是在创造中克服困难、冲破阻碍的心理因素，创造意志具有目的性、顽强性和自制性。

那么，如何增强创新意识，培养创新能力呢？创新意识讲求独立思考，不人云亦云，这并不是不倾听别人的意见、孤芳自赏、固执己见，而是要团结合作、相互交流，这是当代人进行创新活动不可少的方式；创新意识讲求胆大，不怕犯错误，并不是鼓励犯错误，只是出现错误的认知是科学探索过程中不可避免的；创新意识讲求不迷信书本、权威，但并不反对学习前人的经验，任何创新都是在前人成就的基础上进行的；创新意识讲求大胆质疑，而质疑要有事实和思考的根据，并不是毫无根据地怀疑一切。总之，要用全面、辩证的观点看待创新意识和对创新能力的培养。

第一，强烈的好奇心

要对所学习或研究的事物有好奇心。牛顿少年时期就有很强的好奇心，他常常在夜晚仰望天上的星星和月亮。星星和月亮为什么挂在天上？星星和月亮都在天空运转着，它们为什么不相撞呢？这些疑问激发着他的探索欲望。后来，他经过潜心研究，终于发现了万有引力定律。能提出问题，说明在思考问题，在学习过程中，自己如果提不出问题，那才是最大的问题。好奇心是包含着强烈的求知欲和追根究底的探索精神，谁想在茫茫学海获取成功，就必须有强烈的好奇心。正像爱因斯坦所说的那样："我没有特别的天赋，只有强烈的好奇心。"

第二章 唤醒深层文化意识

第二，勇敢的怀疑态度

对所学习或研究的事物要有怀疑态度，不要认为被人验证过的都是真理。许多科学家对旧知识的扬弃，对谬误的否定，无不是自怀疑开始的。伽利略因为对亚里士多德"物体依本身的轻重而下落有快有慢"的结论的怀疑，发现了自由落体规律。怀疑是发自内在的创造潜能，它激励着人们去钻研，去探索。对课本我们不要总认为是专家、教授们写的，不可能有误。专家、教授们的专业知识渊博精深，我们是应该认真地学习。但是，事物在不断地变化，有些知识现在适用，将来不一定适用。再说，现在的知识不一定就没有缺陷和疏漏。老师不是万能的，任何老师所传授的专业知识不能说全部都是绝对准确的。对待我们所学习或研究的事物我们应做到：不要迷信任何权威，应大胆地怀疑。这是我们创新的出发点。

第三，有追求创新的欲望

如果没有强烈的追求创新的欲望，那么无论怎样谦虚和好学，最终都是模仿或抄袭，只能在前人划定的圈子里活动。要创新，我们就要坚持不懈地努力，勇敢地面对困难，要有克服困难的决心，要有创新的欲望，要有超越的精神。

第四，不能人云亦云

对所学习或研究的事物要有求异的观念，不要"人云亦云"。创新不是简单的模仿。要有创新精神和创新观念，必须要有求异的心理。求异实质上就是换个角度思考，从多个角度思考，并把将结果进行比较。求异者往往要比常人看问题更深刻，更全面。

第五，冒险精神

创新实质上是一种冒险，因为否定人们习惯了的旧思想可能会招致公众的反对。这种冒险不是那些危及生命和肢体安全的冒险。而是一种合理性冒险。大多数人都不会成为伟人，但我们至少要最大限度地挖掘自己的创造潜能。

总之，创新意识的培养，要有创新思想和创新实践，允许在创新过程中犯错误。人们要大胆尝试、大胆开拓，才会尽快成长起来，成为更能发挥价值的人才。

要有正确的经济意识

经济意识是人们在生产、交换、分配、消费等经济生活中形成的，反映社会经济运行过程和人们之间的经济关系的，进行经济活动的心理过程，它是社会经济生活、经济制度和管理形式等观点和学说的总和。经济意识属于意识的范畴，它来源于经济生活，是对经济生活的反映。

通常意义上说的经济意识，一般是指个人的经济意识，即个人对周围所存在的经济现象、经济规律的看法或者认识，用通俗一点的话来说，就是个人所具有的经济头脑。个人的经济意识包括的内容很广泛，可以把它归纳为市场意识、竞争意识、风险意识和质量意识等。

经济意识的特点有以下几个方面。

一是动态性。经济意识是一个动态的历史范畴，它随着经济社会的发展而不断地发生变化，当一种新的社会形态形成以后，经济意识也会随之发生变化。

二是复杂性。一方面，经济意识的增强，促使人们参与商品生产和商品流通，调动了人们生产的积极性和主动性，增加了社会财富，促进了国民经济的发展和人民生活的富裕。另一方面又导致"一切向钱看"的拜金主义

第二章 唤醒深层文化意识

思潮泛滥，一些人为了经济利益不择手段，把人民赋予的权力当成谋私的手段，贪污腐化，有的贪污数额高达上千万，犯下了惊天大案。还有人生产假冒伪劣、有毒、有害的产品，坑害消费者。

三是趋利性。经济意识主要表现为人们善于把握机会，通过参与市场竞争，从中获得一定的经济利益，因此趋利性是经济意识的一大特点。

四是稳定性。经济意识形成后，一般来说比较稳定，如果没有大量外来信息的冲击，或者社会形态的剧烈变动，在一定时期内它会保持不变，相对比较稳定，即使发生变化也很慢。

正确的经济意识能使人们正确地认识和理解财富，通过正当的手段追求财富，从而推动人类社会的发展。不健康的经济意识会对人们的行为产生误导，强化人们的金钱意识，败坏社会道德风尚，成为社会发展的障碍。那么，怎样树立正确的经济意识呢？

第一，树立正确的市场意识

市场意识是指由市场经济生发出来的精神产物。它有狭义和广义之分。狭义的市场意识是指市场经济运行过程中内部的、必然的相互联系和关系在观念形态上的反映，如效益观念、效率观念、竞争观念、信息观念、知识观念、人才观念等，其核心是商品等价交换观念。

树立正确的市场意识，就要具有按市场需求变化谋生产，按市场经济规律谋发展的意识。通过市场检验文化产品的质量，通过市场树立产品形象，通过市场达到相互促进与交流的目的。同时，我们所说的市场应当是良性的市场，是有监管的市场，是有序的市场。市场的最终目的，是为消费者服务，通过为消费者服务取得正当的利益，而不是牟取暴利。

第二，树立正确的竞争意识

美国的一位管理大师，针对竞争有过一番精彩的讲话，他说："有很多人生活苟且，毫无竞争之心，最后抑郁而终。对于这类人，我只感到悲哀。

打从做生意以来，我一直感激竞争对手。这些人有的比我强，有的比我差。但不论其行与不行，他们都令我跑得更累，但也跑得更快。事实上，脚踏实地地参与竞争，是足以保障一个企业的生存的。由于竞争，我们工厂更具现代化，员工受到更多的训练，生产规模亦随之扩大。因此，竞争比荣耀、野心、利益更能推动一个公司的业务。"这段话道出了竞争的哲理。

作为一个现代人，只有敢于参与和善于参与市场竞争，才有经营成功的机会，这两者缺一不可。要增强对竞争的认识，要有一种比竞争对手做得更好的意识，在脑海里扎下竞争求胜的根，敢于竞争，善于竞争。

第三，树立正确的风险意识

中国有句老话，叫"天有不测风云，人有旦夕祸福"。这对个人如此，对家庭如此，对企业或其他组织也是如此。这里讲的"不测"，用经济学的术语说，就是指不确定性。正是在这种不确定性中蕴含着种种发生风险的可能。上面这句老话其实就是人们在自然经济条件下对人生经历的种种不确定性的感悟或认识，或者说是在历史长河中自发形成的一种风险意识。这是一种生存的智慧。风险有时孕育着机遇。机遇偏爱有准备的头脑，而无准备的头脑是抓不住机遇的。对处在战略机遇期的中国企业来说，要想抓机遇、求生存、图发展，就必须增强风险意识，树立风险观念，加强风险管理。

树立正确的风险意识，就要避免眼睛只盯着各种"利润"的诱饵，不能全然不识鱼饵后面要命的渔钩——风险的存在，避免利令智昏，看不见或忽视利润背后潜在的各种风险。如盲目的多元化、盲目的低成本扩张、盲目的铺量等。树立正确的风险意识，就要避免心存侥幸，不要相信自己的"运气"比别人好能躲过风险，因而轻视对可能降临的风险的管理，直到风险突降，才悔不当初。树立正确风险意识，就要避免被曾经连续的成功或业绩冲昏了头脑，囿于局部经验而高估企业应对风险和化解风险的能力，轻敌麻痹，因而不认真做管理风险的精神、物质和组织的准备，直至被风险击败、

第二章 唤醒深层文化意识

击垮，才醒过神来，但失之已晚。树立正确的风险意识，就要避免思想方法的片面性，凡事只往成功和好的方面想，而看不到事情失败或种种坏的可能性，对坏的可能甚至最坏的可能不愿去设想，不作分析和打算，更不做任何防范的准备。

第四，树立正确的质量意识

这里的"质量"有两种含义。一是产品的质量，即产品合格与否。二是生产产品过程的质量，即生产过程是不是合理，是不是与企业设定的管理基准一致。换句话说：所谓质量意识，首先要保证产品合格，符合产品的检验标准。并且，整个生产流程应严格遵照企业生产流程的管理规定。

树立正确的质量意识，关键是要认识到质量意识的实质。质量意识是一种素养，是一种企业文化，是一种社会责任心。在质量意识当中，人才是质量管理的第一要素，对质量管理的开展起到决定性的作用。俗话说："谋事在人""事在人为"。意识决定行为，质量管理关键在于提高人的质量意识。有了正确的意识，它将始终伴随着我们，时刻提醒我们在工作中的责任，促使我们去不断追求完美的目标。

总之，经济意识强的人能准确地捕捉商机，有效地参与竞争，用最小的投入获得最大的产出。

第三章 看清自己，摆正心态

　　心态，就是指对事物发展的反应和理解表现出不同的思想状态和观点。世间万事万物，你可用两种心态去看待，一种是正面的，积极的，另一种是负面的，消极的。如同钱币的一正一反两面，该怎么选择，完全取决于你自己的想法。积极的心态可使人快乐，进取，有朝气，有精神；消极的心态则使人沮丧，难过，丧失了主动性。你认为自己是什么样的人，就将成为什么样的人。烦恼与欢喜，成功和失败，往往仅系于一念之间，这一念即是心态。人的最高境界是抱着一颗平常心，处事不惊地应对任何事。一种良好的心态，往往比一百种智慧还更强。

| 第三章 | 看清自己，摆正心态

通过"十商"认识你自己

人类从诞生之日起，就一直思考着这些问题：人是什么？命运是什么？谁来决定我们的命运？其实，命运就是每个生命实现自己价值的潜能和过程。人的命运就是自我实现的结果，这个结果在于自身智商、情商、逆商、德商、胆商、财商、心商、志商、灵商、健商的觉醒。

认识你自己，就是对自己内在需要的认识，更是为了对自己内在潜能的发挥。所以，我们可以说，成功就是自我的实现，即成功是一个人对其内在"十商"的综合运用。这些"商数"是影响现代人生活最基本的内在心理因素，自觉地利用好这些心理因素，对发展自我，实现自己的价值都有决定性意义。所以，认识自己，最主要的就是认识自己身上具有的这几种商数。

第一，认识自己的智商

智商（Intelligece Quotient，缩写为IQ），即智力商数，是指数字、空间、逻辑、词汇、记忆等能力。智力通常叫智慧，也叫智能。它包括记忆、观察、想象、思考、判断等，是主管抽象思维的大脑左半球的功能。

智商是人们认识、理解事物并运用知识、经验等解决问题的才智与勇力，是用智慧的方式解决问题的能力。这就决定了智力包括多个方面，如观察力、记忆力、想象力、思维能力、分析判断能力、应变能力。其实这也是智商的七种构成因素。智商高的人，其思维品质优良，学习能力强，认识程度深，容易在某个专业领域取得杰出成就，成为某个领域的专家。调查表明，许多高智商的人成为专家、学者、教授、法官、律师、记者等，他们在自己的领域一般有较深的造诣。

智商不是固定不变的，通过学习和训练是可以开发增长的。我们要走向成功，就必须不断学习，积累智商。而不断地学习，提高智商，这是成功的基本条件。

第二，认识自己的情商

情商（Emotional Quotient，缩写为EQ）又称情绪智力，是与智力和智商相对应的概念。它主要是指人在情绪、情感、意志、耐受挫折等方面的品质。

人的情绪具有周期性，即情绪高潮和低潮的交替过程所经历的时间。它反映人体内部的周期性张弛规律。当人们处于情绪周期的高潮时，会表现出强烈的生命活力，对人和蔼可亲，感情丰富，做事认真，容易接受别人的规劝，常感到心旷神怡；若处于情绪周期的低潮时，则容易急躁和发脾气，易产生反抗情绪，喜怒无常，常感到孤独与寂寞。事实上，谁了解自己的情绪，谁就能充分合理地利用它们，谁就能操控、驾驭它们，要是不了解自己的情绪，就只能无助地听任它们的摆布，成为情绪的奴隶。由此可见，人们能否掌控情绪尤为必要。

第三，认识自己的逆商

逆商（Adversity Quotient，缩写为AQ）全称逆境商数、厄运商数，一般被译为挫折商或逆境商，是指人们面对逆境时的反应方式，即面对挫折、摆脱困境和超越困难的能力。它是指人们面对逆境时的反应方式。心理学家认为，一个人要取得事业上的成功必须具备高智商、高情商和高挫折商这三个因素。在智商和情商都跟别人相差不大的情况下，挫折商对一个人的事业能否成功起着决定性的作用。

如果一个人没有经过苦难的考验，那么他从来不会真正懂得自己，懂得

第三章 看清自己，摆正心态

自己的力量有多大。和世间许多事件一样，苦难也具有两面性。一方面它需要你花费精力和时间去排除障碍；另一方面它又是一种能促使你成材、提高的养料。因此，要想取得事业的成功，创造人生的辉煌，就必须培养自己的逆商。

第四，认识自己的德商

德商（Moral Intelligence Quotient，缩写为MQ），是指一个人的德性水平或道德品质。德商的内容包括体贴、尊重、容忍、宽容、诚实、负责、平和、忠心、礼貌、幽默等各种美德。

人生的发展规律是：高尚的道德形成高尚的品格、高尚的事业和高尚的命运，没有高尚的道德，便没有高尚的品格，便没有高尚的事业，便没有高尚的命运。德商是人安身立命的法宝。德商要求我们具备一种精神上的能力，它将促使我们将人类普遍适用的一些原则（正直、责任感、同情心和宽恕）运用到我们个人的价值观、目标和行动中去。

第五，认识自己的胆商

胆商（Daring Intelligence Quotient，缩写成DQ），指一个人的胆量、胆识、胆略和度量，体现了一种冒险精神。胆商高的人能够把握机会，多数成功的商人、政客，都具有非凡的胆略和魄力。

无论作为创业者、企业家或任何一个想要在事业上有所成就的人，都离不开三商能力，即智商、情商和胆商。而在今天，"胆商"成为人才市场招聘的新要求。胆商更显示出其特有的作用，胆商就是胆识和能力，即迎接挑战、参与竞争和冒险的能力。

当然，"胆商"并不是无知和莽撞。"胆商"是建立在一定的知识水平的基础之上的。中国的许多成语"大智大勇""智勇双全""斗智斗勇"等都把"智商"和"胆商"相提并论，可见两者密不可分。

第六，认识自己的财商

财商（Financial Quotient，缩写成FQ），是指一个人在财务方面的智力，即理财的智慧，是衡量一个人在商业方面的能力的重要指标。财商被越来越多的人认为是实现成功人生的关键。只有具备了较高的财商，才能在今后的事业中游刃有余，对财富的渴望才可能变成现实。

没有理财的本领，你有多少钱也会慢慢花光的，所谓"富不过三代"就是指有财商的老子辛辛苦苦积攒下来的钱，一般会败在无财商的子孙手中。财商往往是一个人最需要的能力，也是很容易被人们忽略的能力。所以，财商对我们来说是迫切需要培养的一种能力。

第七，认识自己的心商

心商（Mental Intelligence Quotient，缩写为MQ），就是维持心理健康，缓解心理压力，保持良好的心理状况和活力的能力。世界卫生组织对心理健康制定了七条标准：其一，智能良好；其二，善于协调与控制自己的情感；其三，具备良好的意志品质；其四，人际关系和谐；其五，能动地适应和改造现实环境；其六，要保证人格的完整和健康；其七，心理年龄和生理年龄要适应。人的心商的高低，直接决定了人生过程的苦乐。

随着全球化的到来，人类的工作环境已趋向恶化，竞争异常激烈，世界充满了变数，生存压力越来越大。有人说："21世纪人类已经进入了抑郁时代。"这说明人类面临着难以承受的心理压力。在这样的背景下，提高心商的意义就在于要维护心理健康，调适心理压力，保持良好的心理状态，用健康的心商来战胜并不健康的世界。保持心理健康已成为人类生存发展的前提和基础。

第八，认识自己的志商

志商（Will Intelligence Quotient，缩写成WQ），就是意志智商，指一个人的意志品质水平，包括坚韧性、目的性、果断性、自制力等方面，是

| 第三章 | 看清自己，摆正心态

衡量一个人意志坚强还是脆弱的标志。它在一定程度上是决定一个人做事成败的关键。

"志不强者智不达，言不信者行不果。"它说明一个道理：志商对一个人的成功具有重要的影响，人生是小志小成，大志大成。许多人一生平淡，不是因为没有才干，而是缺乏志向和清晰的发展目标。在商界尤其如此，要成就出色的事业，就得要有远大的志向。

第九，认识自己的灵商

灵商（Spiritual Intelligence Quotient，简写成SQ），即灵感智商，是心灵智力，就是对事物本质的灵感、顿悟能力和直觉思维能力。灵商是指一种智力潜能，属于潜意识的范畴。

实际上，在对智商、情商强化的同时，我们必须要站在灵商这个制高点上，发挥高度的觉悟性，以期获得成功。灵商使我们成为充满理智和情感的高尚动物。

第十，认识自己的健商

健商(Health Quotient，缩写为HQ)，是健康商数，代表一个人的健康智慧及其对健康的态度。它包括五大要素：一是自我保健，即通过健康的生活方式、乐观的生活态度获得健康；二是健康知识，一个人对健康知识掌握得越多，就越有能力维护自己的健康；三是生活方式，强调作息、饮食、价值观等，对健康的作用举足轻重；四是精神健康，它要求克服焦虑、愤怒和压抑，使精神感到满足；五是生活技能，即通过重新评估环境，包括工作和人际关系来改善生活，掌握保持健康的秘诀和方法。事实上，健商的培养也是对这几个方面的落实。

健商的特点是它的全面性。从健商的意义上讲，人的健康状况涉及一个人的所有方面，包括生理的、心理的、情感的、精神的、环境的和社会的种种因素，还包括人的生活质量。它强调身心合一的中国传统思想，认为身心之间的关系是完善的保健的基本组成部分。因此，健商不仅把健康定义为没有患病，而且是更广义地指称一个人的良好状态。一个健康的心理，即一个人没有压力的比较平和安详的心态，本身就意味着一个人的完全健康。

以上"十商"是一个人内在的心理商数，往往决定着人的一生，决定着人的命运。每个人都可以从这十个方面，对自己进行一番自我认识，自我检验。

在现实生活中，天才是很少见的，而我们大多数人的天赋却往往会被自己忽视了，埋没了。只有认识自己，发现自己的天赋与才能，然后发展它，完善它，做自己命运的主人，才能实现自己的人生目标。

七招教你减轻负面情绪

生活中总会出现很多突如其来的灾难，会让人突然陷入一种茫然、焦急、狂躁的情绪之中，更有甚者对人生产生绝望。随着社会的进步，竞争的激烈，人们面临的各种压力逐步增大，如果当这种压力超过了某种负荷，就会让人出现偏激情绪，这样带来的后果是无法想象的。如果这时候人们能给自己的情绪找一个出口，逐渐排除这样的精神压力，就会走向更加辉煌的道路。

那么，我们应该怎样减轻负面情绪呢？

第一，努力安静下来

所谓退一步海阔天空。学会让自己安静下来，把思维沉浸下来，慢慢降低自己对事物的期望。只要把自己的心态经常归零，每天都是新的起点，只

| 第三章 | 看清自己，摆正心态

要把自己的欲望适当地降低，你会赢得更多的获胜机会。

第二，关爱自己，帮助他人

学会关爱自己，这样，才能有更多的能量去关爱他人，如果你有足够的能力，就要尽量帮助你能帮助的人，那样你得到的就是几份快乐，善待自己，帮助他人，也是一种减压的方式。

第三，学会回味和梳理

遇到心情烦躁的情况，你可以喝一杯白水，放一曲舒缓的轻音乐，闭上眼，回味一下身边的人与事，对过去和未来可以慢慢地进行梳理，这既是一种休息，也是一种冷静的思考。

第四，广泛阅读

阅读实际就是一个吸收养料的过程，现代人面临激烈的竞争，复杂的人际关系，为了让自己不至于在某些场合尴尬，可以进行广泛的阅读，让自己的头脑充实也是一种减压的方式。

第五，相信自己

不论在任何条件下，自己不能看不起自己，哪怕全世界的人都不相信你，看不起你，你也一定要相信你自己。因为只有你喜欢上了你自己，才可能有更多的人喜欢你，如果你想成为什么样的人，就要努力去实现。

第六，往好处去想

要想学会调整情绪，就应该尽量往好处想。很多人遇到一些事情的时候，就急得像热锅上的蚂蚁，本来很好解决的问题，正是因为没有把握好情绪，才让简单的事情复杂化，让复杂的事情更难。遇到棘手的事情，其实只要冷静点，把握好事情的关键，把每个细节处理好，然后再尽量往好处理，你越往好处想，心就越开，事情处理得也会更顺利。

第七，珍惜身边的人

珍惜你身边的每一个人，说话尽量不要伤害人，哪怕遇到你不喜欢的人，你也要尽量迂回，即使找理由离开也不要肆意伤害对方。否则不仅会让自己心情太坏，也让场面更尴尬。

负面情绪除了会增加人的心理上的压力，对事情的发展往往也会产生负面影响。我们只要运用上述"七招"去处理负面的情绪，就能使我们充分享受生活带给我们的快乐。

"四戒"不良的学习心态

学习态度是指学习者对学习较为持久的肯定或否定的行为倾向或准备状态。

学习态度对学习对象、学习内容和学习方法具有选择性。就是说，学习者愿意学什么，不愿学什么，喜欢何种学习方法，不喜欢何种学习方法，是因人而异的。学习态度是学习者在学习的过程中，通过亲身体验而获得的。就是说，学习态度不是外部强加的，而是人们内在的经由学习的体验而形成的。学习中的体验可以是成功的喜悦，也可以是失败的痛苦，可以形成积极的学习态度，也可以形成消极的学习态度。然而无论是积极的学习态度还是消极的学习态度，既可以形成，也可以改变。

关于学习态度，有人说过："学习的敌人是自满，要认真学习一点东西，必须从不自满开始。""自满"之所以会成为学习的敌人，是因为它反映了一种盲目骄傲、不求进取的不良学风，它会使人降低学习热情、失去学习动力。学习上的自满，原因和表现形式不同，克服的办法也就不一样。一般来说，克服学习上的自满需要做到"四戒"。

第三章 看清自己，摆正心态

第一，戒学习不持之以恒

有人认为，自己取得了学士、硕士甚至博士学位，又经过了多年的实践锻炼，掌握的知识已经够用，没有必要继续埋头苦读了。于是乎，读书少了，应酬多了；思考少了，娱乐多了；思想少了，"官念"多了。克服这种学而不恒的自满情绪，须树立新理念、开阔新视野。

当今的时代，社会快速发展，科技突飞猛进，信息不断更新，人们所掌握知识的"保质期"越来越短，昨天的人才不一定就是今天的人才，昔日的经验不一定能解决今日的问题，现在的知识也不一定能适用于将来。在这种形势下，如果不克服自满情绪，不持之以恒地开展学习，势必会造成知识快速老化、思想逐步僵化、能力不断退化的后果。只有活到老，学到老，提高到老，才能不断适应新形势，完成新任务。

第二，戒学而不深

所谓学而不深，就是囫囵吞枣，不求甚解，学到一点皮毛就以为掌握了精髓和真谛。克服这种自满情绪，需要发扬"攻书"的精神。我国古人把读书称为"攻书"，认为善于"攻书"才能融会贯通。这是很有道理的。如何"攻书"？有人认为："有一个办法，叫做'钻'，如木匠钻木头一样地'钻'进去。看不懂的东西我们不要怕，就用'钻'来对付它。"

学习掌握改革发展中的新知识、新理论、新技能，需要学会这种"钻"的办法，在悉心钻研中把观点搞清楚，把原理弄明白，做到学有所得，学有所成。

第三，戒"消化不良"

现实中，有些人在学习中患有"消化不良"症：满足于知道一些名词、概念、范畴，知其然，而不知其所以然，只会提几句书本上写的原则、要求，却不能运用其中的立场、观点、方法去分析、解决问题。同进食一样，学习不仅是为了获得原料，更要咀嚼、消化和吸收其中的营养，否则对身心不仅无益而且有害。

　　学习上消化不良,即使学得再多也不会有益处,甚至还会因为曲解理论而误导工作、贻误事业。要想学习并且消化,关键在于加强思考。思考是一个去粗取精、去伪存真、由表及里的思想活动过程,是把书本上有益的养分转化为自己的素质、能力的过程。只有常思考,常总结,常积累,才能常有收获,常有进步,常有创新。

　　第四,戒学而不用

　　学习的目的是应用,即实践、运用,只学不用,就会陷入"本本主义"。现在,有人谈学习,讲工作,提要求能说出一大套,但只满足于学在本上,讲在嘴上,写在纸上,不注重用理论去指导实践,解决问题。要防止和克服这种学而不用的学习态度,需要牢固树立学以致用的观念。

　　一个人是不是真学、善学,关键在于能不能用理论指导实践。因此,应把学与用有机结合起来,做到学以致用、学用相长。

　　学习是每一个人终身都需要做的事:学习是给自己补充能量。尤其在知识经济时代,知识更新的周期越来越短,过时的知识等于废料,只有不断地学习,才能不断地摄取能量,才能适应社会的发展,才能生存下来。要善于思考,善于分析,善于整合,只有这样才能创新。

第三章 看清自己，摆正心态

归零的心态利于重新开始

归零的心态就是空杯心态、谦虚的心态，就是重新开始。

有人说生活就是不断的重新再来，不归零就难以取得新的进步，就难以持续发展。在此之前，你可能有过很高的地位，可能拥有很多的财富，具有渊博的知识，但是你一定要有一个归零的心态。只有心态归零你才能快速成长，才能找到更多成功的方法。如果你要喝一杯咖啡，就必须把杯子里的茶先倒掉。否则把咖啡加进去之后，就茶也不是，咖啡也不是，成了四不像。归零的心态就是一切从头再来，把自己的心态放低，来吸纳新的知识。虚心使人进步，骄傲使人落后。有句话说谦虚是人类的美德，越谦虚容易得到尊重，越饱满的麦穗越弯腰。

那么，怎样才能使自己的心态归零呢？

第一，不再计较过去

心态归零，不再和自己计较了，不再和别人计较了，不再和过去计较了，不再和现实计较了，看似逃避，实则超脱。心态归零后，抛弃过去的一切纷扰，抛开过去的成绩，清除过去的错误，不论过去的输赢，专心致志谋划将来的发展，以另一种方式重新解读过去，通过躬行实践，达到新的成功彼岸，开创更加精彩的人生。

第二，甩掉成功的包袱

如果一个杯子里有些浑水，不管加多少纯净水，仍然浑浊。但若是一个空杯，不论倒入多少清水，它始终清澈如一。保持空杯心态的唯一的方法就是把杯子里原来的水给倒掉。人的大脑就如同电脑一样，你只有不断删除那些过时的知识和经验，才能不断接受新的东西。否则，你的大脑和心灵就会被一些无用的垃圾塞满而死机。许多失利者，并不是被对手挤垮的，而是被自己的成功冲昏了头脑，以致败下阵来的。人生没有永远的辉煌，"月盈则亏，水满则溢"。

成功者首先要做到的是头脑清醒，眼光明亮，像孔子一样不断"三省吾身"，从非理性的高处迫降；像唐太宗一样不断地"三镜自照"，不断地矫正人生的航标，从新的角度和立场去思考如何做事和如何做人；像计算器一样不断地"键盘归零"，展开新的程序，去完成更高级的、运算。只有甩掉成功的包袱，才能获得更大的成功。

第三，永不自满

在迈向成功的道路上，每当实现了一个近期目标，绝不应自满，而应把原来的成功当成是新的起点，应保持一种归零的心态，永远有新的目标，才能攀登新的高峰，才能获得成功者的无穷无尽的乐趣。

第四，不断地挑战自我

挑战自我，是对已经存在的某种状况的不满，是对某种理想境界的追求，是一步步向完美的靠近。有位作家说过："自己把自己说服了，是一种理智的胜利；自己被自己感动了，是一种心灵的升华；自己把自己征服了，是一种人生的成熟。大凡说服了，感动了，征服了自己的人，就能征服一切挫折、痛苦和不幸。"

第五，珍惜今天

心态归零，必须不断地警示自己，超越自己，使自己在学习、工作和

| 第三章 | 看清自己，摆正心态

创业等方面保持领先的姿态，永远有新的目标，不断攀登新的高峰。在向目标进发的攀登过程中，把自己放在低点，以归零的心态与先进的人相比较，查找差距，迎头赶上，这样，才能克服前进路上的艰难险阻，获得更多的知识、技能，争取更大的成就。

心态归零，意味着为自己松绑，以快乐的心情来面对生活，面对工作，勇敢地迎接新一轮的挑战。

总之，人生旅程，要想道路更宽广，有时候还得保持归零的心态才行。忘记过去，留个"空杯"给明天……

积极的心态是成功的法宝

事物永远存在阴阳两面，以积极的心态看到的永远是事物好的一面，而以消极的心态只看到不好的一面。以积极的心态做事能把坏的事情变好，以消极的心态做事能把好的事情变坏。积极的心态像太阳，照到哪里哪里亮；消极的心态像月亮，初一、十五不一样。其实不是没有阳光，是因为你总低着头，不是没有绿洲，是因为你心中一片沙漠。

你不必过着沉闷无聊、循规蹈矩、漫无目的的日子，根本不必。消沉只会让事情变得越来越糟糕，千万不要陷入这种生活。只要拥有积极的心态，不管你的处境有多么严峻、痛苦和沮丧，你都能充满活力，活得精彩，你能够在工作中注入新的精神，运用新的创造性的技巧。实际上，任何事情你都能做得更好。只要你想要，充满激情和魅力的生活就属于你。谁不想要这种生活呢？

第一，积极寻找最佳新观念

法国一位作家说："没有任何东西的威力比得上一个适时的主意。"有积极心态的人时刻在寻找最佳的新观念，这些新观念能增加积极心态者的成功潜力。有些人认为，好主意可遇不可求。但事实上，要找到好主意靠的是态度，而不是能力。一个乐观自信有创造性的人，总时刻准备着，而且在寻找的过程中，绝不轻易扔掉一个主意，直到他对这个主意可能产生的优、缺点都彻底弄清楚为止。

第二，把自己看成成功者

美国亿万富翁、工业家卡耐基说过："一个对自己的内心有完全支配能力的人，对他自己有权获得的任何其他东西也会有支配能力。"当人们保持着乐观自信的心态并把自己看成成功者时，那么，他们就开始走向成功了。

第三，培养奉献的精神

通用公司一些经理人忠告属下的业务员："忘掉你的推销任务，一心想着你能带给别人什么服务。"他们发现，人们一旦思想集中于服务别人时，就马上变得更冲劲，更有力量，更加使人无法拒绝。说到底，谁能抗拒一个尽心尽力帮助自己解决问题的人呢？因此，我们不妨把给予别人当作自己的生活理念。

第四，用美好的感觉、信心与目标去影响别人

人们的行动与心态日渐积极，会慢慢获得一种美满人生的感觉，信心日增，别人也会受到感染，因为他们总是喜欢跟积极乐观者在一起。运用别人的这种积极响应来发展积极的关系，同时帮助他们获得这种积极态度，可谓一举两得。

第五，让别人感到自己的重要和被需要

让别人感到自己的重要和被需要，这几乎是所有人的自我意识的核心。如果你能不同程度地满足别人心中的这一欲望，他们就会对你也抱积极的态度。使别人感到自己重要的另一个好处，就是反过来会使你感到自己也很重要。

第六，注重修养

这里的修养包括以下九个方面：

一是决心，表示你没有任何借口；

二是企图心，要成功先有强烈的成功欲望，就像你有强烈的求生欲望一样；

三是热情，成功属于最后三分钟还有热情的人；

四是爱心，你有多大的爱心，决定你有多大的成功；

五是学习，学习速度比对手更快，会使你立于不败之地；

六是自信，信心就是眼睛尚未看见就相信，其最终回报就是你会真正看见自己的成功；

七是自律，不能自律的人，只能昙花一现；

八是顽强，持续的毅力，能忍受吃苦；

九是坚持，坚持就是胜利。

积极向上的心态是成功者具备的最基本的要素。记住：你认识到你自己的积极心态的那一天，也就是你遇到最重要的人的那一天，而这个世界上最重要的人就是你。你的这种思想、这种精神、这种心理就是你的法宝，你的力量。

坚持的心态是成功的代名词

坚持常常是成功的代名词。很多人不能成功,往往是因为他们不能坚持。当你遇到坎坷的时候,当你遇到瓶颈的时候,一定要坚持,直到突破瓶颈达到新的高峰。只有坚持到底,才能赢得胜利。

其实,做任何一件事都不可能是一帆风顺的,路途中总会有些曲曲折折,有些难过的坎、难迈的沟。此时,你难免会产生灰心、退缩不前的思想。坚持的心态,就是要有一种执着精神,就是要有一种不畏艰难的心胸。认准一个目标,认准一个道理,坚持才能胜利,退缩就会失败。凡事都有个过程,都需要时间,不可能一蹴而就,需要你去努力,去拼搏,努力了,奋斗了,结果才会喜人。

生活中有三种人:一是做事做得很顺利的人,二是碰到困难就放弃的人,三是碰到困难坚持不懈的人。你是哪种人?你最欣赏哪种人?你愿意做哪种人?第一种人,很幸运,但千万不能因为顺利而忘乎所以,因为风平浪静练不出好水手,不加强学习,一旦碰到困难就会倒下;第二种人,没有一点钢性,经不起风吹雨打,意志太薄弱;第三种人,是真正的成功者形象,因为他视挫折为转机,视困难为动力,可以说,他的整个人生都会很精彩,很成功,因为他是一个打不垮、推不倒的无敌金刚。

人生道路坎坷不平,世事千变万化,什么事都有可能发生,这就需要你

第三章 看清自己，摆正心态

有一个良好的心态，去面对，去克服，去挑战，去坚持。想做事的人，特别是想要做大事的人，那就更离不开"贵在坚持"这四个字。事实上，任何一项成功的事业都是个持久战，而不是闪电战，是马拉松，而不是短跑，它是一个比毅力，比耐力的过程。我们一定要树立长期坚持的思想，坚韧不拔，永不放弃，勇往直前，才会成功。

要坚持，就要做到以下几点：

第一，明确努力的最终目标

要养成坚持不懈的好习惯，首先要有明确的目标，引导我们去追求，并去为之不断努力，就如在海上航行看到灯塔，只有找到了目标，我们才焕发出坚持不懈的动力。

第二，将终极目标分解成阶段性目标

"一口吃不成个胖子"，达到目标也是如此。很多目标是无法一下子就完成的，这时为了减少目标给我们造成的压力和逆反心理，我们要善于将大目标分解成若干小目标，或者说将长远的目标分解成近期目标，将终极目标按进程分解成阶段性的目标。只有这样，我们才能在不断达到目标的喜悦心情下，充满热情地去积极克服困难，坚持不懈地去努力实现最终目标。

第三，凡事都要善始善终

所谓凡事都要善始善终，就是自己在平时就要注意养成坚持不懈的习惯，把每一件事情都做得有始有终，只有这样我们才有可能在大目标上不退缩。还要自觉地不断磨炼自己。如认真对待作业，认真完成力所能及的家务活儿等。

第四，要增强自信心

自信心是我们向着目标不懈奋斗的动力。因此，在平时也要注意培养自信心，学会给自己打气，尤其是在实现目标的途中遇到挫折的时候，更应该微笑面对，充满自信。

坚持的心态是一种无形的精神力量。生活中充满坎坷，人生就是一种修炼，只有经得起千锤百炼的人，只有在困难、挫折面前没有倒下去的人，才会成功。只要你没有失去坚持走下去的勇气，就会有成功的希望。坚持吧！朋友。

培养良好的积极合作的心态

合作就是个人与个人、群体与群体之间为达到共同的目的，彼此相互配合的一种联合行动方式。团结就是力量，成功就是把积极的人组织在一起做成事情。

每个人都不能单打独斗，团队合作会创造更好的业绩。大型公司都特别注重团队合作，它会跟绩效考核直接挂钩。所以，团队合作不仅是公司的需要，也是个人完成工作的重要途径。当团队合作成为公司和个人共同的需要时，我们就必须把它摆到一个高度，用积极合作的心态，努力奋斗，争取取得更好的成绩。

在专业化分工越来越细，竞争日益激烈的今天，靠一个人的力量是无法面对千头万绪的工作的，而你不可能永远是主角，可能你只是一个搭档，我们要调整好心态，完成共同的工作。

培养良好的积极合作的心态，需要遵循以下步骤和方法。

第三章 看清自己，摆正心态

第一，培养积极合作的心态

不要认为自己无所不能，你时刻需要协作，再小的事情也可能有需要其他部门去完成的部分。你必须树立合作精神，这是你完成工作的前提和保障。

第二，培养善于交流的心态

人们都是不同的个体，其知识、能力、经历的不同会造成他们对同一件事情产生不同的看法。交流是协调的开始，把自己的想法说出来，听听对方的看法，你要经常说这样一句话："你看这事怎么样，我想听听你的看法。"

第三，培养平等、友善的心态

即使你的各方面都很优秀，即使你认为自己一个人的力量就能解决眼前的工作，也不要显得太张狂。要知道还有以后，以后你并不是能完成一切工作，还是做个朋友吧，平等地对待对方。

第四，培养积极乐观的心态

心情是可以传染的，没有人愿意和一个愁眉苦脸的人在一起。即使是遇上了十分麻烦的事，也要乐观，你要用自己的乐观情绪感染自己的同伴。比如说向同伴多传达一些正面的、积极的信息。

第五，培养乐于创造的心态

一加一等于二，但你应该让它等于更多。培养自己的创造能力，不要安于现状，试着发掘自己的潜力。

第六，培养接受批评的心态

要善于接受他人的批评，一个对批评暴跳如雷的人，人们会敬而远之。不愿接受批评的人，往往都不受人欢迎。

每个人都有自己的想法，当这些想法碰撞时，就需要我们调整好心态，集思广益，把这些想法汇成一条河流，最终流向人们共同的目的地。那么，你就可以看到团队合作的力量。

一个人是条虫，十个人是条龙，更何况每个人都有自己的长处，因此，以开放的心态、以积极的合作的心态主动去寻求别人的合作，会更有助于你的成功。

谦卑是一种高明的处世态度

　　谦卑，在中国人看来既是一种策略，又是一种处世态度，更是一种美德。谦卑的人，往往能得到别人的友善和关照，从而为事业的成功打下良好基础。一人只有怀有谦卑的心态，才能不断地要求上进，才会妥善地处理好自己与他人的关系，才会使别人器重你，才能达到你所追求的目标。

　　谦卑是美好的品德，同时又能使自己获得一种容易受到同情的地位。从更高的角度来讲，谦卑是建功立业的前提和基础。具有这种品格的人，在待人接物时能温和有礼、平易近人、尊重他人，善于倾听他们的意见和建议，能虚心求教，取长补短。他们往往有自知之明，在成绩面前不居功自傲，在缺点和错误面前不文过饰非，能主动采取措施进行改正。

　　不论你从事何种职业，担任什么职务，只有保持谦卑的心态，才能保持不断进取的精神，才能增长更多的知识和才干。因为谦卑的品格能够帮助你看到自己的差距，永不自满，不断前进，可以使人冷静地倾听他人的意见和批评，谨慎从事。否则，骄傲自大，满足于现状，停步不前，主观武断，轻者使工作受到损失，重者会使事业半途而废。

　　具有谦卑品格的人不喜欢装模作样、摆架子、盛气凌人，能够虚心向群众学习，了解群众的情况。

第三章 看清自己，摆正心态

美国第三届总统托马斯·杰弗逊提出："每个人都是你的老师。"杰弗逊出身于贵族，他的父亲曾经是军中的上将，母亲是名门之后。当时的贵族除了发号施令以外，很少与平民交往，他们看不起平民百姓。然而，杰弗逊没有秉承贵族阶层的恶习，主动与各阶层人士交往。他的朋友中当然不乏社会名流，但更多的是普通的园丁、仆人、农民或者是贫穷的工人。他善于向各种人学习，懂得每个人都有自己的长处。有一次，他对一位朋友说："你必须像我一样到民众家去走一走，看一看他们的菜碗，尝一尝他们吃的面包。只要你这样做了，就会了解到民众不满的原因，并会懂得正在酝酿的法国革命的意义了。"由于他作风扎实，深入实际，他虽高居总统宝座，却很清楚民众究竟在想什么，他们到底需要什么。这样，他就在密切群众关系的基础上，成为一代伟人。

谦卑的品格，还能使一个人面对成功、荣誉时不骄傲，把它视为一种激励自己继续前进的力量，而不会陷在荣誉和成功的喜悦中不能自拔，把荣誉当成包袱背起来，沾沾自喜于一时之功，不再进取。居里夫人以她谦卑的品格和卓越的成就获得了世人的称赞，她对荣誉的特殊见解，使很多喜欢居功自傲、浅尝辄止的人汗颜不已。

居里夫人的一个女朋友到她家里做客，忽然发现她的小女儿正在玩英国皇家协会刚刚颁给她的一枚金质奖章。她不禁大吃一惊，忙问："居里夫人，现在能够得到一枚英国皇家协会的奖章，这是极高的荣誉，你怎么能给孩子玩呢？"居里夫人笑了笑，说："我是想让孩子们从小就知道，荣誉就像玩具，只能玩玩而已，绝不能永远守着它，否则就将一事无成。"她自己正是这样做的。也正受她的高尚品格的影响，以后她的女儿和女婿也踏上了科学研究之路，她本人也再次获得了诺贝尔奖。

总之，大凡有成就的人，都把谦卑当作人生的第一美德来刻苦培养。为了培养谦卑的心态，不仅在与不太熟悉的人交往时要注意小节，尊重对方，还要积极接受别人的意见。

第一，注意交往小节

有的人认为"不拘小节"是一种潇洒，一种成就大事的风格。实际上，我们于小节处更应检点。紧要的关头，大家都会以最佳状态小心应对，而日常的琐碎细节，则是一个人的天性、本质、修养的自然流露，因此，应注重交往小节。

和别人沟通时不要小瞧了细节。虽然与人沟通感情的最初阶段只是打招呼，但不要忘记，在人的内心里有思想和感情两个方面，心与心之间要想系上纽带，最初的方法就是打招呼，如果连最简单的如"您好"、"再见"等日常用语也不会的人，怎么能称得上是一个成功的社会人士呢？人生活在社会上，还得受社会环境的制约和诱导，不可能不与周围的人接触，你不拘小节，难道你周围的人也不拘小节吗？

第二，尊重对方

尊重他人就是尊重自己。尊重对方要遵循这样几条原则。

一是平等原则。在现代礼仪中，平等是基础，是最重要的。所谓平等就是指以礼貌待人，礼尚往来，既不盛气凌人，也不卑躬屈膝。从心理学的角度看，人都有友爱和受人尊重的心理要求。人人都渴望平等，成为家庭和社会中真正的一员。任何抬高和贬低自己的语言和行为，都不利于建立和谐的人际关系。

二是尊重原则。在现代礼仪中，尊重是实质。是指在礼仪行为实施的过程中，要体现出对他人真诚的尊重，而不能藐视别人。礼仪本身从内容到形式都是尊重他人的具体体现。在交往中，任何不尊重他人的言行，都会引来别人的反感，更不会赢得别人对自己的尊重。心理学认为，人们对尊重的需要分两类，即自尊和来自他人的尊重。自尊包括对获得信心、能力、本领、成就、独立和自由的愿望。来自他人的尊重包括威望、承认、接受、关心、

第三章 | 看清自己，摆正心态

赏识等。对于自尊，人们往往容易做到，但要获得来自他人的尊重，首先要学会尊重他人。尊重他人是礼仪的重要原则。

三是注意技巧。首先，在人际交往中，要热情、真诚。热情的态度会使人产生受重视、受尊重的感觉。相反，对人冷若冰霜，会伤害别人。如果过分热情，会使人感到虚伪、缺乏诚意。其次，要给人留面子。所谓面子，就是自尊心。每个人都有自尊心，失去自尊心对一个人来说，是件非常痛苦的事。伤害别人的自尊是严重的失礼行为。维护自尊，希望得到他人的尊重，是人的基本需要。再次，允许他人表达思想，表现自己。当别人和自己的意见不同时，不要把自己的意见强加给对方。当你和与自己性格不同的人交往时，也应尊重对方的人格和自由。

记住，尊重他人才能赢得他人的尊重。将心比心，凡事不仅替自己想，也要替别人想；你有自尊，人家也有；你尊重别人，爱护别人，别人才会尊重你，爱护你。

第三，积极接受别人的意见

在日常生活中，有太多的人想要迫使别人接受自己的意见，因为我们总认为自己是对的。这种想法，使我们没有改进自己的余地，也在通往成功的路径上为自己设下了障碍。想象一下，十个当代最有名望的画家齐聚一堂，围绕着一张圆桌团团而坐，一起对摆在圆桌当中的一个苹果进行素描。每一个人画出来的苹果都不会一样，因为每一个人看到的角度都不相同。

"意见"也有同样的道理。信念的异同，取决于身世与环境的各种因素，我们就是靠这些因素来决定我们的意见。固执己见的悲剧，在于它阻止了成长、进步和充实自己。它使我们自认为十全十美，但事实上，世界上没有人永远十全十美。固执己见者为了防卫自己的弱点，必然无法快乐，甚至会被孤立，这已是不争的结论。你如何才能避免固执己见？只要你肯听听别人的想法，就可以做到这一点。你的意见可能是错的，你应该有"闻过则改"的雅量。

固执己见是一种消极的癖性,心胸开阔才是应有的态度。前者会导致失败与孤立,后者则是获得成功与友谊的保证。只要你肯向别人伸出友谊的手,只要你肯学习别人的长处,只要你了解别人和我们一样有获得成功的权利,你就不会再坚持己见了。你内心的成功元素会再度展开活动,而内心的失败元素自然就会偃旗息鼓了。

总之,只要你能注意交往小节,尊重对方,积极接受别人的意见,你就能培养谦卑的心态。

养成高度严谨的自律心态

成功的人必定是高度严谨自律的人,必定是以高标准要求自己的人,具有良好的心理素质、高尚的道德情操以及正确的人生观。而要培养良好的个人心理素质,必须注重自身的修养,严格的自律。

那么,什么是自律?

自律,就是针对自身的情况,以一定的行为标准和行为准则指导自己的言行,严格要求自己和约束自己。说白了,自律就是自己约束自己。

成功需要很强的自律能力。个人的自律具体表现在以下几点。

第一,自爱

自爱就是自己爱护自己,也就是说要塑造自己良好的形象,珍惜自己的名誉,珍爱自己的生命。可见,自爱首先要为自己塑造良好的形象。要想塑

第三章 看清自己，摆正心态

造良好的形象就要站有站相，坐有坐相。这里所说的相，指的就是形象。这是告诉我们，坐、站都要注意自己的形象，也就是说一个人时时刻刻都应该按照一定的标准来塑造自己的形象。

一个人的形象，既有外在的方面，也有内在的方面。外在形象是看得见、听得到的，是有形地表露在外面的。例如：相貌、身材、穿着打扮、言谈举止等。内在方面则表现的是比较深层的气质。例如：性格、理想、学识、情操、心理等。每一个自爱的人，都应该从内在和外在两个方面去美化自己的形象。

要美化形象，我们就要做到言谈举止文明有礼，积极向上，有良好的心理品质和道德情操，有鲜明、和谐的个性，有远大的理想等。

第二，名誉

名誉就是名声，它是社会或他人对你的评价，是一个人尊严的象征。珍惜自己的名誉是中华民族的传统美德，它要求我们在任何时候都不允许自己的言行玷污自己的名誉和形象。

在任何艰难困苦的环境下，都要热爱生活，热爱自己的名誉，就如著名的音乐大师贝多芬为我们留下了许多美妙动听的音乐，同时也以自己高尚的品格赢得了世人的尊敬。

第三，反省

反省就是检查自己的思想和行为。通过经常地、冷静地回顾自己的思想和行为，寻找自己的缺点和错误，就叫作自省。"金无足赤，人无完人"，世界上没有一个十全十美的人，每个人都会有缺点和错误。一个自律的人应该经常检查自己，对自己的言行进行反省，纠正错误，改正缺点，这是严于律己的表现，是不断取得进步的重要方法和途径。有错误或缺点并不可怕，可怕的是无视它，不去改正它。

反省是一面镜子，它能将我们的错误清清楚楚地照出来，使我们有改正的机会。我们应该检查、反省自己每天的表现，严格要求自己，发现不足之处，就要改正过来，不断地完善自己。

严于律己，宽以待人是中华民族的传统美德，也是很多成功者必备的素质。在追求成功的过程中，我们每个人都应养成高度严谨的自律心态。

宽容的心态是明智的处世原则

宽容的心态就是以宽阔的胸怀和包容的心态，去面对人和事。宽容的力量是巨大的，宽容可以使你的敌人越来越少，朋友越来越多。宽容是做人的美德，也是一种明智的处世原则。

所谓宽容，意味着给予，给予别人能使自己变得更加丰富。刻薄意味着索取，索取得再多自己也会变得越来越贫乏。宽容有时给自己带来痛苦，但那痛苦是短暂的；刻薄有时给自己带来快乐，但那快乐也不会长久。事在人为，境由心造，退一步海阔天空。

宽容不仅是一种与人和谐相处的素质，一种永远崇尚的品德，更能吸纳他人长处充实自我。苛刻会把简单的事情变得复杂，而宽容则可以把复杂的事情变得简单。在许多时候，我们如果没有宽容的心态，往往会使本来十分简单的事变得非常复杂，然后再用复杂的办法去解决，结果会越来越复杂。

心胸开阔的人，往往具备海纳百川的心态，用一颗平静的心面对芸芸众生，所以他的生活永远晴朗无比。一个人如果有海一样的胸怀去容纳他人，生活中还有什么事情会让你失去笑容呢？我们在茫茫人世间，难免会与别人

第三章 看清自己，摆正心态

产生误会、摩擦。如果我们轻动仇恨的念头，仇恨便会悄悄成长，最终往往会酿成恶果。英国一位作家说："生活就是一面镜子，你笑，它也笑；你哭，它也哭。"

宽容是一种素质，一种修养，一种情操，也是衡量一个人修养如何的标准之一。如果看别人不顺眼，其实也许是自己修养不够，地上种了菜，就不易长草，心中有善，就不易生恶。

一位哲人说过一番耐人寻味的话："天空收容每一片云彩，不论其美丑，故天空广阔无比；高山收容每一块岩石，不论其大小，故高山雄伟壮观；大海收容每一朵浪花，不论其清浊，故大海浩瀚无比。大海因为宽容，有了浩瀚的海面；大地因为宽容，有了世间的万物；山峰因为宽容，有了茂密的森林；天空因为宽容，有了满天的星星；宇宙因为宽容，有了众多的星系；人因为宽容，有了许多的朋友。"哲人之言无疑是对宽容最生动、直观的诠释。我们要像圣人那样用放大镜看别人的优点，用缩小镜看别人的缺点。

其实，多一点对别人的宽容，我们生命中就多了一点空间。那么，怎样才能让自己时刻保持宽容的心态呢？

第一，不要计较

世界上没有完全相同的两片叶子，更没有完全相同的人。不同的人，思想和观念不一样，脾气和性格不一样，认识问题的角度也不一样。所以我们要允许别人有自己的想法，对他要有宽容的心。要站在对方的立场替他着想，理解他此时此刻的心情，肯定对方的立场、观点。

宽容就是不计较，事情过了就算了。每个人都有错误，如果执着于其过去的错误，就会形成思想包袱，不信任、耿耿于怀、放不开等会限制了自己的思维，也限制了对方的发展。即使是背叛，也并非不可容忍。能够承受背叛的人才是最坚强的人，也将以他坚强的心志在失意中占据主动，以其威严更能够给人以信心、动力，因而更能够防止或减少背叛。

第二，宽容是一种坚强，而不是软弱

宽容要以退为进，积极地防御。宽容所体现出来的退让是有目的、有计划的，主动权掌握在自己的手中，无奈和迫不得已不能算宽容。宽容的最高境界是对众生的怜悯。

给对方一次机会并不是纵容，不是免除对方应该承担的责任。任何人都需要为自己的行为负责，任何人都要承担各种各样的后果，否则，对方会一而再、再而三地犯错。

第三，不要勉强别人

宽容就是在别人和自己意见不一致时也不要勉强别人。从心理学的角度来讲，任何的想法都有其来由，任何的动机都有一定的诱因。了解对方想法的根源，找到他们意见提出的基础，就能够设身处地地为对方考虑，提出的方案也更能够契合对方的心理而得到接受。消除阻碍和对抗是提高效率的唯一方法。任何人都有自己对人生的看法和体会，我们要尊重他们的知识和体验，积极吸取其精华，扬弃其糟粕。

第四，宽容就是忍耐

遇到同伴的批评、朋友的误解，过多的争辩和反击实不足取。当别人批评我们时，如果我们有一颗宽容的心，就能够心平气和地审视自己。于是你就会发现，别人的批评其实是一片好心，但如果我们以敌视的眼光看待别人，对周围的人处处提防，最终会因孤独而陷入忧郁和痛苦之中。相信这句名言："宽容是在荆棘丛中长出来的谷粒。"能退一步，天地自然宽。

宽容是一种豁达的人生态度，是一种巨大的人格魅力，是一种超凡脱俗的人生观。古往今来，有多少民族之间在宽容中冰释了误解和憎恨，有多少部落在宽容中，化干戈为玉帛，化冲突为祥和。我们都知道太阳再耀眼也不能照到每个角落，月亮再柔美也有阴晴圆缺的时候，所以要学会宽容。

第三章 看清自己，摆正心态

平常的心态是人生的大智慧

所谓平常心态就是平静地接受一切事实的心态，它可能是好的也，可能是坏的。平常心不仅是对待荣誉和幸运的心态，它也是对待挫折和失败应有的心态。

现在的人大多都活得累，不堪重负。金钱的诱惑、权力的纷争、职称名望等让人殚心竭虑；成败得失、悲喜忧惧，让人日日不安。人们的欲望是无限的，而所得总是有限的，如果我们的精神也跟着失落、失意乃至失志的话，那我们就会永远在黑暗中挣扎。失落是对某一具体事物的心理失望；失意是一种全面的心理倾斜，是失落的情绪化与深刻化；失志则是一种心理失败，是彻底的颓废，是失落、失意的终极表现。而平常心就是对付失落、失意、失志的心理武器。

有这样一副对联："宠辱不惊，闲看庭前花开花落；去留无意，漫随天外云卷云舒。"寥寥数语，却深刻道出了人生对事对物、对名对利应有的态度：得之不喜，失之不忧，宠辱不惊，唯此才能心境平和、淡泊、自然，才能把有限的生命投入到无限的事业中，才能真正为社会作贡献，也才能真正获得人生的成功。

那么，怎样才能保持一颗平常心呢？

第一，吃亏不计

有句话说："学习吃亏能养德。"有时吃点亏并不是坏事，你从吃亏中，可以累积人生的经验，从吃亏中，可以学会处世的退让。尤其人与人相处，难免有所不公与亏欠，能够在吃亏时不计较、不比较，这就是平常心。

第二，逆境不烦

所谓"月无日日圆，人无日日顺"。当我们遇到逆境时，要能看清忧虑，放下忧虑，不随烦恼起舞，泰然处之。好比竞赛的时候，总想战胜对手，其实要战胜对手，要先战胜自己，战胜自己就是不为环境所扰，不为杂念所困，不为顺逆所动，忘掉对手，忘掉胜负，以自然的心态对待，这便是平常心。

第三，自我评估

恰当地评估自己，安然接受自己的缺陷，不作无谓的抱怨。善于发现自身情绪及行为的变化，进而通过积极地心理暗示提醒自己应追求快乐。

第四，善于自我调节

所谓自我调节，就要做到欲望少点、攀比少点、心态平衡点、知足常乐多点，改变能改变的，接受不能改变的，不要迷失了自己，根据自己的能力去生活，不要让别人的生活状况左右了你的心情。有不良的情绪体验时，可以通过倾诉等途径进行宣泄。学会与人交往，创造良好的人际关系和家庭环境，养成良好的生活习惯，防止各种不节制行为的养成。在现实生活中遭遇困难时，应持乐观、积极的态度，不断提高承受挫折的能力，也可以换一个角度想想，就会海阔天空。如体育锻炼可以调节人的神经系统，排除体内一些致郁废物，转移人的注意力，宣泄人的压抑情绪，给人带来一份好心情。

在这个物欲横流、令人目迷神惑的世相百态面前，神凝气静地保持平常心，就会抛开一切名缰利锁的束缚，在人生大道上迈出自信与豪迈的步伐，就能让心灵回归到本真的状态，从而获得心灵的充实、丰富、自由、纯净.

第三章 看清自己，摆正心态

感恩的心态让我们感谢一切

感恩，《现代汉语词典》的解释是：对别人所给的帮助表示感激。感恩是你对一个没有关系或者关系不够亲密的人给予你帮助所产生的一种亏欠心理，是指对他人给予的恩惠表示感谢，带着一颗真诚的心去报答、感谢别人。

感恩是一种处世哲学，也是生活中的大智慧。一个有智慧的人，不应该为自己没有的斤斤计较，也不应该一味地索取和使自己的私欲膨胀。学会感恩，为自己已有的而感恩，感谢生活给予你的一切。这样，你才会有一个积极的人生观，才会有一种健康的心态。

人生在世，不可能一帆风顺，种种失败、无奈都需要我们勇敢地面对、以旷达的心胸去处理。这时，是一味地埋怨生活，从此变得消沉、萎靡不振？还是对生活满怀感恩，跌倒了再爬起来？你感恩于生活，生活将赐予你灿烂的阳光；你不知感恩，只知一味地怨天尤人，最终可能一无所有。成功时，感恩的理由固然能找到许多；失败时，不感恩的借口却只需一个。殊不知，失败或不幸时更应该感恩于生活。

感恩是一个常人所应该有的品德，"知恩图报"更是自古以来君子的基本准则。每人都应怀揣一颗感恩之心：

感谢父母给了我们生命和无私的爱；

感谢老师给了我们知识和看世界的眼睛；

感谢朋友给了我们友谊和支持;

感谢生活所给予我们的一切,虽然并不全都是美满和幸福;

感谢周围所有的人给了我们与他人交流沟通时的快乐;

感谢我们爱的人和爱我们的人,使我们的生命不再孤单;

感谢天空,给我们提供了一个施展的舞台;

感谢太阳,给我们提供光和热;

感谢大地,给我们无穷的支持与力量;

感谢快乐,让我们幸福地绽开笑容,在美好地生活着;

感谢伤痛,让我们学会了坚忍,也练就了我们释怀生命之起落的本能;

感谢生活,让我们在漫长的岁月里拈起生命的美丽;

感谢有你,尽管远隔千里,可你寒冬里也带给我们温暖的心怀;

感谢关怀,生命因你而多了充实与清新;

感谢伤害我们的人,因为他磨炼了我们的心志;

感谢欺骗我们的人,因为他增长了我们的见识;

感谢遗弃我们的人,因为他教导了我们应自立;

感谢绊倒我们的人,因为他强化了我们的能力;

感谢斥责我们的人,因为他助长了我们的智慧;

感谢藐视我们的人,因为他觉醒了我们的自尊;

感谢所有的一切!

感恩是一个人该拥有的本性,也是一个人拥有健康性格的表现。人生是一场苦旅,它很漫长,但我们在人生旅途中遇到了无数值得感谢的人和事,是这些人和事让我们的人生变得多彩。学会感恩,让感恩的心飞出万里,用感恩的心温暖整个世界。

第四章 正确的人生价值观

人生价值观，是因为人不同的世界观而产生的对人生的不同的方法论，是人们在认识、评价人生活动所具有的价值属性时所持有的根本观点和看法。具体包括人生观和价值观两部分内容。不同的价值观成就不同的人生。本章内容从义利、苦乐、荣辱、幸福和生死等方面阐释了人生观；从金钱、自私两方面阐释了价值观，相信这些内容能从另一个维度来唤醒人们深层的文化意识。

树立正确的义利观

义利问题是古今中外普遍关心的伦理道德问题，它涉及社会生活的方方面面。简单地讲，"义"指思想、行为符合一定的标准，符合社会成员共同认同或规定的、应当共同遵守的道德准则；"利"即利益、利害、功利，是对满足人们需要的物质和精神产品的生产、实现与追求。义利之辩聚讼纷纭，关键就在于对"利"的不同理解，有的对"利"不加区分，无论公利、私利一概抹杀；有的则区分公利、私利，扬公利而抑私利。义利观则是指在一定的社会形态下，人们在追求利益、功利时，所具有的思想行为准则。义、利二者是相辅相成的，没有利，义就失去了发展的基础，没有义，利就失去了发展的方向。所以，片面地强调义或利都是错误的。

义利观对人生具有很强的整体导向功能，能够把每个人的行为活动及结果引导到一个总方向与大目标上，从而有效地指导个人的价值评价和人生选择，实现其奋斗理想。如何运用科学的世界观、人生观和价值观来评价现实社会中的义利问题，是检验一个人的义利观正确与否的一个重要尺度。

第一，正确处理个人利益与集体利益的关系

首先，在大是大非面前，个人利益必须绝对服从集体利益。在个人利益与集体利益发生冲突时，如果不牺牲这种个人利益，集体利益就无法实现，这时，必须牺牲个人利益，实现集体利益。这种牺牲是光荣的，也是必要

第四章 正确的人生价值观

的。只有牺牲个人利益，换取国家、集体利益的实现，才能使更多的人实现个人利益，因此，在涉及国家、社会重大利益的问题上，个人利益必须无条件地服从集体利益。

其次，在维护集体利益的同时，必须保护个人利益。个人利益是不能被无条件地牺牲掉的。在集体内部，每个人为了集体的共同目标而努力，在二者发生矛盾时，个人可以做出适当的牺牲。但是集体就是为了集体成员的共同目标或者共同利益而组成的团体，如果个人利益被过分牺牲，或者集体内部的大部分个人利益被牺牲，那么集体的共同目标也就难以实现了，共同的利益也会受到损伤。没有了共同的发展目标和奋斗方向，集体就失去了存在的价值。唇亡齿寒，没有限度地牺牲个人利益，集体利益就失去了实现的价值和基础。

最后，个人利益和集体利益的实现，需要双方共同的努力。人对财富的追求是人的天性，追求个人利益是天经地义的。但是，目前我们正处于社会主义发展阶段，有时为了维护绝大多数人的利益，就难免会牺牲一部分的个人利益，来维护社会的健康发展，这是每个中华儿女的责任。同样，国家、社会、集体并不会让个人无条件地牺牲。随着经济的发展和社会的进步，国家为个人利益的实现搭建起了更大的舞台，个人利益得到前所未有的尊重。因此对于个人来讲，必须把握一个大的方向就是：我们必须紧跟时代的步伐，在实现国家和集体利益的基础上，实现个人的人生价值。

第二，摆脱功利心态

功利指眼前的功效和利益，即所作所为都是为了自己直接获取功利，而并非为了其他人的利益。

过于功利化，内心完全被利益所驱使，必然会停止对理想的追求、对生活的感悟和思考、对真情的表达和付出，这就背离了人性的善的本质。因此，必须彻底摆脱功利的心态，放弃虚荣的金钱观。

第三，心存道义的力量

道义指道德和正义。道义是一种社会意识形态，是做人的约束、规范、规矩。道义本身就是用来维系和调整人与人之间的关系的准则。

遵守道义就要遵守诺言、履行盟约，注重个人的道德修养，在逆境中不断砥砺自己的情操。道义具有强大的精神力量。"道德"正如一位哲人说的那样：当心灵的眼睛凝视着被真理和真实照耀着的对象时，心灵就理解真理，认识了真实，心灵就明确地拥有了智慧……所以古往今来素有"侠之大者，为国为民；手之妙者，改天换地"之说。道义是对敬畏和忠诚的最好诠释。道义是"身无分文，心忧天下"，是一种强烈的责任感，是一种人文关怀，是一种对他人负责的高尚境界，是发自心底的一种社会责任。

第四，要有奉献精神

奉献是不计报酬的给予，是"有一分热放一分光"，是"我为人人"。奉献者付出的是青春，是汗水，是热情，是一种无私的爱心，甚至是无价的生命。因为有人奉献，社会的物质财富和精神财富才会不断地增加，人类文明才会不断地进步。奉献者收获的是一种幸福，一种崇高的情感，是他人的尊敬与爱戴，是全社会的高度认同。简单地说，"奉献"指满怀感情地为他人服务，作出贡献，是不计回报的服务。

总之，在新的历史条件下，我们应该不断地自我反省和自我完善，树立正确的义利观，使之成为我们的精神动力。

第四章 | 正确的人生价值观

树立正确的苦乐观

苦乐观,是人们对痛苦和快乐及其关系的基本见解,属于人生观范畴。是人们在精神生活和物质生活中产生的不同的感受和认识。苦乐观是由人生观决定的,有什么样的人生观就有什么样的苦乐观。

苦与乐是辩证统一的,"苦"是手段,"乐"是目的,"乐"往往通过"苦"才能达到,即"苦尽甘来"。它提倡以苦为乐,强调在实践中吃苦在前,享受在后,把方便让给别人,把困难留给自己,苦在前头,乐在其中;还强调把个人苦乐与国家和集体的苦乐紧密联系在一起,以国家和集体的苦乐为苦乐,做到"先天下之忧而忧,后天下之乐而乐"。

人类的生活既不存在绝对的幸福也不存在绝对的痛苦,生活的感受本来就不是非此即彼的幸福与痛苦。幸福与痛苦本来就是浑然一体的,只是被人为地割裂了。其本真的状态就是"混沌"状态,因为人为地分开导致"混沌"消失,幸福也就远离了我们。有一首诗极好地表达了这一思想,其内容大致为:当你在幸福的时候,不要忘记生活中还有痛苦;当你在痛苦的时候,不要忘记生活中还有幸福;享受不应享受的幸福,得到的往往是痛苦;勇于承担应当承受的痛苦,得到的往往是幸福。

在当今社会,"先苦后甜""苦尽甘来"具有其合理的内在积极意义。

首先,在21世纪的今天,当人们一味地追求幸福的时候,"先苦后甜""苦尽甘来"的积极意义在于承认了"苦"的作用及价值。所谓"人生百味",其中核心的内容是"人生五味",即酸、甜、苦、辣、咸。这几种滋味缺一不可,"苦"即为其中一味。

其次,"先苦后甜""苦尽甘来"的积极意义在于唤起人的斗志,将人的精神状态调整到极佳的位置。因为在现实生活中,人们往往有某一个特定的时刻,需要集中精力进行人生的"大会战",人的一生总会面临着几次"必须跨过这条坎"的一刻。如果能够比较好地"跨过这条坎",我们的人生就能够获得一个好的态势,在未来的发展道路上,能获得一个好的位置,以在更高的平台上实现自己的人生价值。在这一点上,中国古人一贯主张:"吃得苦中苦,方为人上人"。这也正是中国古人苦乐观中的智慧所在。

最后,"先苦后甜""苦尽甘来"反映了中国人勤俭节约、艰苦奋斗的传统美德,我们在反对及时行乐、苦行僧以及守财奴人格的同时,也不能抛弃其中优秀的积极因素。

那么,怎样让我们的文化价值观与生活方式从传统的苦乐观中汲取营养,并又从现代社会保障制度中获得教益呢?

第一,培养自强不息的精神

一是培养忧患意识,提高承受能力。"生于忧患,死于安乐""寒门出得栋梁材",忧愁、困难、挫折与失败是人生的必修课。人生就像一艘远航的船,在大海中航行,不会总是一帆风顺,肯定会遇到大风大浪,是做勇敢的水手还是做懦弱的逃兵,每个人都必须做出选择。坦然面对挫折和困境,把它当成一次难得的人生经历,只要目标明确,方向正确,经过艰苦努力就一定能到达成功的彼岸。

二是从细微处入手,培养德行。"不积跬步,无以至千里"。做有道德的人,需要从细微的道德行为习惯入手,培养自己的德行。俗话说:"一屋不扫,何以扫天下?"培养自强不息的精神,又岂是一朝一夕的事呢?我们得

第四章 正确的人生价值观

从一些小事开始，培养自己的德行。

三是不求式样翻新，只求持之以恒。"自强不息"是一种积极的人生态度，也是一种人生追求和人生境界，是对人生意义的一种深刻认识和理解。一个人只有对生活充满热情和信心，才能始终如一地坚持这种生命不息、奋斗不止的精神。"回首向来风雨路，万里长征任疾驰。"当今的社会经济突飞猛进，知识不断更新，我们更需要坚忍不拔、自强不息、勇往直前的新长征精神。一个人，只有自强不息、勇往直前才能取得成功；一个社会，只有自强不息、敢于挑战才能不断进步；一个民族，只有自强不息、勇于创新才能不断开拓进取；一个国家，只有自强不息、顽强拼搏才能在世界上立于不败之地。

第二，防止和克服贪图享乐思想

所谓生于忧患，死于安乐。因此必须保持艰苦奋斗的作风，树立正确的苦乐观，自觉防止和克服贪图享乐、骄奢淫逸的思想，自觉克服享乐主义、拜金主义和极端个人主义的侵蚀，吃苦在前，享受在后，艰苦创业，不为名利所动，不为物欲所诱，不为人情所扰。

第三，善于苦中作乐

乐观会给生命注入一份活力与生气，使人从痛苦、贫困、难堪的处境中解脱出来，乐观是生命保鲜的最佳良药。苦中作乐不是自我麻痹，不是消极退却。如果大家都不那么锋芒毕露、以牙还牙，多一些理解、尊重，冲突就会更少。有人说："欢乐的贫困是件美事！"一个人是可以既征服着困难，又生活得很快乐的。有人曾经问过一些饱受磨难的人是否总是感到很痛苦和悲伤，有的人答道："不是的，倒是很快乐的，甚至今天我还有时因回忆它而快乐。"为什么呢？这是因为他从心理上战胜了磨难，他从磨难中得到了生活的启示，他为此而快乐。

事实上，对于一个有确定目标的人来说，一切使他烦恼之物都容易被解脱出来。这里，不妨告诉你由忧愁转变为快乐的三十二字诀：摒弃自卑、充满自信；自娱自笑、自得其乐；顺应自然、表露情感；潜心入静、宁神除烦。

树立正确的荣辱观

荣辱观是人们对荣与辱的根本观点和态度。受一定社会的风尚、习俗和传统的影响。在阶级社会中，又受一定阶级的思想影响。

普遍意义上的荣辱观也叫一般荣辱观，通常简称为"荣辱观"。普遍意义上的荣辱观的有两个方面的意义和作用。

一是，它是对人们行为的一种社会评价。即它通过社会舆论的力量，用光荣和耻辱的概念，表明社会支持什么，反对什么。从社会评价的意义讲，不同的阶级有不同的荣辱观。凡是符合一定阶级利益的行为，一定的阶级就给以肯定和奖励，反之，给以否定和谴责。这种荣辱观念普遍来自个人在社会经济、政治中的地位。荣辱观念尽管与社会风尚、习俗、传统有着密切的联系，但是，它们并不是产生荣辱观念的决定性因素。任何一种荣辱观念，都反映了一定阶级经济上和政治上的要求。人们只能从自己的经济政治地位中，主要是从决定人们基本生存条件的经济地位中，形成自己的荣辱观念。如在资产阶级眼里，最大的荣耀是金钱，钱袋往往可以决定一切，也可以改变一切。金钱的价值，就是货币所有者的价值，金钱越多，其价值越大，尊严越高。

二是，它是一个人对自己行为所造成的社会后果的关心，它表示个人力

第四章 正确的人生价值观

求通过自己的活动，希望从社会得到荣誉，并努力避免耻辱的一种愿望。这种自我评价意义上的荣辱观，在一定条件下，会显得特别重要。当人们的行为对社会造成了损害，在社会舆论的压力下，他就会感到耻辱。

荣辱观古已有之，荣辱心人皆有之。不同的时代，不同的民族，持有不同世界观、人生观、价值观的人们，其荣辱观也是不同的。荣辱观说白了就是：什么是光荣，什么是耻辱。它是一个人道德、信念的具体体现。它是中华民族优良传统的传承，又是一种时代精神。在社会主义条件下，怎样建立正确的个人荣辱观呢？

第一，在日常小事中规范自己的言行

加强思想道德修养，要从大处着眼，小处着手，在日常生活琐事中处处留心，看自己的行为是否与"八荣八耻"有相违背的地方。不仅要做到从善如流，还必须与不道德的思想和行为进行斗争。正如古人所讲，"耻恶则善生，改过则长善""不以善小而不为，不以恶小而为之"。

作为一个社会主义国家的公民，**我们不仅要在政治方向、政治原则等大是大非问题上严于律己，而且在待人接物、日常生活等小事方面也要防微杜渐**。树立社会主义荣辱观，需要我们每个人像天天扫地、洗脸那样，每天以"八荣八耻"来对照我们的言行。

第二，在本职工作中规范自己的言行

人们的思想道德修养离不开社会实践，只有在社会实践中，人们才能形成相互之间的道德关系，并改造自己的主观世界。本职工作，是人们日常的主要实践活动。

职业道德，是社会主义道德的重要内容。人们只有投身到建设社会主义的职业实践中去，才能真正懂得社会主义职业道德规范和道德品质的含义，才能真正培养起相应的职业道德情感和信念，形成相应的职业道德行为和习惯。在社会主义条件下确立个人的荣辱观，本职工作实践是一个重要领域。

我们要在本职工作中克服各种陈旧观念和错误的道德行为的消极影响，不断完善自己的道德行为和道德品质。

第三，提高思想道德水平

随着经济、科技的进步和时代的发展，我们正向学习型社会迈进。科学的发展和知识的快速增长，要求我们必须树立终身学习的观念，学习正在成为人们日常的一项重要活动。

学习、思考历来都是人们加强道德修养、提高思想认识的重要途径和方法。只有加强学习和思考，才能正确理解和掌握社会主义道德规范和道德品质的基本内容，从而提高选择行为和识别善恶的能力，增强履行职责和道德义务的自觉性。我们要善于思考、分析、判断我们每天面对的各种信息，通过思考来不断地提高自己的人格品质，改造自己的主观世界。

总之，树立正确的荣辱观，就要有高尚的道德追求，又要有严格的自我约束，在日常生活和本职工作中规范自己的言行，能力提高思想道德水平。它需要我们用一生的努力去实践，更需要从我做起，从小事做起，从现在做起。

树立正确的幸福观

幸福观是人生观的一部分或一个方面。它是人们对幸福的根本看法。幸福是指人们在创造物质生活和精神生活条件的实践中，由于目标和理想的实现而感到精神上的满足。幸福观是人们的世界观、人生观的反映。由于人们的生活价值目标不同，人们的幸福观也就不同。

第四章 正确的人生价值观

不同的阶级有不同的幸福观。资产阶级的幸福观的基本特征是利己主义、享乐主义、个人主义，认为物质享受与个人私欲的满足是衡量幸福快乐的尺度；马克思主义幸福观认为，每个人都在谋求幸福，个人的幸福和大家的幸福是分不开的。马克思主义幸福观的最重要之点在于，把幸福的创造和幸福的享受结合起来，并把创造幸福作为前提，然后才谈得上享受幸福。

在市场经济条件下，树立正确的幸福观，需要正确地看待幸福，需要学会感受幸福，需要富而思源，需要正确地看待名与利。

第一，正确地看待幸福

什么是幸福，有人认为能随心所欲就是幸福，有人认为奢侈享福就是幸福，有人认为心想事成就是幸福，甚至把幸福量化为"有房、有车、有权、有钱"。其实，世间的事物就看你怎么看。忧和喜只是事物给你带来的两种不同的心情。好运和噩运就像一个硬币的两面，只有不会领悟人生的人，才会极端地把它们对立起来。

古今中外，多少人为了财富抛尽韶光，为了英名付尽青春，为了权力苦熬人生。功名利禄是挡不住的诱惑，为了这些有人一辈子一路狂奔，但是忽略了一路的风景。有句话说得很好："人生就像一次旅行，不在乎目的地，在乎的是沿途的风景以及看风景的心情。"人生的最大财富是幸福指数，但是很多人没有找到幸福，以为幸福就是有钱有势，其实完全不是这么回事。

幸福是可以寻找的，可以创造的，可以感知的，幸福的钥匙就在自己手里。如果我们把幸福的目标定在有饭吃，有衣穿，有一个好心态，有一帮好朋友，有可解决温饱的工资收入，天气好出去散散步，有余钱、时间再出去旅旅游。我们会觉得自己就是世界上最幸福的人。

有人说过，幸福是一种灵魂的香味。幸福在哪里？幸福在自己的心里，在主观的感受里，在自己的生活习惯里，在奉献社会的努力当中。在这个世界上，有很多事情是我们所难以预料的。我们不能控制际遇，却可以掌握自己；我们无法预计未来，却可以把握现在；我们难以左右别人，却可以改变自我；我们不知道自己的生命到底有多长，但却可以理性地安排当下的生活；我们改变不了变化无常的天气，却随时可以调整自己的心情。只要活着就是好事，就有希望，千万别跟自己过不去，做自己喜欢做的事。

幸福观里还得讲一讲价值观，就是说人生的价值是什么？人活着一定要有奉献的精神，这点非常重要，活着不仅是为自己，还应该为社会，为他人。因为你的存在，为社会和他人带来好处，你就活得有价值，有意义。我们不该看轻自己，因为我们每个人都是一个中心点。然而，也不必太看重自我，因为世界上的中心点不仅自己一个。别人在你心中有多重，你在别人的心中就有多重。

第二，学会感受幸福

有了正确的价值取向，才能感受幸福。俗话说，"知足者常乐。"古人也说，"祸莫大于不知足，咎莫大于欲得。"人皆有欲，这种欲望只要是正当的，就应该得到尊重和承认。但是，如果私欲膨胀、欲壑难填，就会为欲所惑、为欲所累，遑论幸福。当前，我国正处于经济社会转型时期，由于改革尚未到位、体制仍不完善等原因，不可避免地产生了一些消极现象。如果缺乏正确的价值取向，看到一些消极现象就失去内心的平衡，面对名利和美色的诱惑就变得难以自持，结果必然误入歧途。现实生活中，有些人就是因为过分的贪婪而堕入违法犯罪的深渊，最终也远离了幸福。

要想过幸福的生活，我们首先要做的是接纳"活在当下"的理念，也就是去关注那些日常生活中的小东西，那些普遍的、平常的小事情。比如，我们可以从与亲人相聚、与朋友相约中，从潜心读书、勤于工作中，从帮助别人、关爱弱小中，从酌酒品茶、闲庭信步中获得人生的意义与快乐。我们日常生活中这些快乐的事情越多，幸福指数就会越高。

学会感受幸福，需要保持一种昂扬向上的精神状态。很难想象，一个饱

第四章 正确的人生价值观

食终日、无所事事、精神空虚的人能够真正感受到生活中的幸福。记得20世纪80年代有一首歌这样唱道:"幸福在哪里,朋友啊告诉你:她不在柳荫下,也不在温室里,她在辛勤的工作中,她在艰苦的劳动里……"努力追求崇高的人生境界,把个人的价值融入对国家和人民的热爱中,融入对事业的不懈追求中,为了实现理想而奋斗,为了人民的利益而奉献,不但自己能够感到幸福,而且能为他人带来幸福。这样,我们的社会也会添一分和谐,多一丝暖意,增一股活力。

第三,应当富而思源

懂得感恩才能知福。一流清泉,必有源头活水;一棵大树,必有根下沃土。一个人来到世上,每一分成长、进步,无不倾注着来自家人、师长、同事和社会的关爱与帮助。常常想到"受之于人者太多,出之于己者太少",心中自然就会多一些幸福,少一些抱怨。同样,我们今天所拥有的一切,都是党领导人民艰苦奋斗得来的,应该倍加珍惜。如果富而忘本,迷失方向,就会导致"身在福中不知福"。

第四,正确地看待名与利

如何看待名与利?客观地讲,世界上的人,包括伟人在内都追求名和利,这没有错,问题是追求什么样的名,什么样的利,采取什么样的手段去追求。利是该得的利才能得,"君子爱财,取之有道",不能不讲道德去逐利。

如果追逐名利仅仅是为了满足个人的统治欲、表现欲和虚荣心,甚至巧取豪夺,那样只能留下骂名。当年秦皇汉武、唐宗宋祖,何等风光,何等威武,最终还是一抔黄土掩风流。有句话说得好,"捧着一颗心来,不带半根草去"。我们活着不是为了索取,而是为了为社会做点事情。一个人恪守本分,不存非分之想,不贪不义之财,就会心宁气静,半夜不怕鬼敲门,平平安安过一生。人要有希望,但不要奢望,因为奢望往往令人失望。

总之，树立正确的幸福观是一个长期的过程，要靠正确的世界观、人生观、价值观来引领，靠加强个人修养来保证，靠丰富多彩的实践来锤炼。

树立正确的生死观

树立正确的生死观，是人们对生与死的根本看法和态度。拥有不同的人生观的人，对生与死有不同的价值评价，从而形成不同的生死观。在中国历史上，不少思想家对生死问题提出了许多有价值的看法。孔子所谓的"杀身成仁"；孟子曰"舍生取义"；司马迁认为"人固有一死，或重于泰山，或轻于鸿毛"；有人认为生是偶然，而死是必然，不必过于悲哀。中国共产党人在争取民族解放和进行社会主义建设的实践中，形成了革命英雄主义的生死观。毛泽东曾明确指出："'人固有一死，或重于泰山，或轻于鸿毛'。为人民利益而死，就比泰山还重；替法西斯卖力，替剥削人民和压迫人民的人去死，就比鸿毛还轻。"

可以说，从人类有意识以来，就知道有生必有死。从这个意义上来说，死是人类最原始的恐惧，也是所有恐惧的终极指向。生命只有一次，故贪生怕死也成了人的本能与本性。有意思的是，正是在明知必死的前提下，人类怀着对死亡的极度恐惧，强烈地追求永生，并为此做出不懈努力。因为人们理智地知道永生是不可能的事，就催生出了"不朽"的理念。古人对不朽有三个经典标准，即太上立德，其次立功，其次立言。并认为只要做到了这三条之一，就可以永远活在人们心中。这一估价或者离事实不远。由于有了

第四章 正确的人生价值观

这个明确的标准,古往今来的志士仁人就不约而同地攒足了劲为了实现不朽这一目标奋斗不息。

但是无从把握、难以预料的命运从来不会让人们按部就班、妥妥帖帖地经营自己的不朽事业。由于突如其来的事情降临,人们就不断面对生死抉择的考验。由于所有的生命体都有避死向生的本能,人有别于其他生命体之处或者就在于,为了某个自认为崇高的目的,可以逆本能而动,主动选择死亡。就如孟子曾经所说:生,我所欲也;义,亦我所欲也;二者不可得兼,舍生而取义者也。为了坚守"士可杀不可辱"及"人活一口气"等信念,一旦人们在可以生的时候选择了死,总是表现出轰轰烈烈、惊天地泣鬼神般的壮烈,荡气回肠,激越千古。

第一,正确看待生命的生与死

从宏观上看,人类的生生死死是人类新陈代谢、吐故纳新、延续不衰的必然规律。所以,人们的生死是生命的自然属性。如果,我们违背这个自然属性,违背这个规律,就会给社会,给我们自己带来痛苦和灾难。这就是人们常说的"生死由命"。

作为我们个体的人,怎样顺应生命的规律呢?其实,生死本由命,"生"时,就应该认识到生命的珍贵,认识到生命的短暂,更应该认识到生命的价值,在有限的人生岁月里,愉快地生活,该唱歌就唱歌,该笑就开心地笑,不枉来到世上走一趟,使生命更有意义,更有乐趣。假如"生"已经走到了尽头,就应该坦然地面对死,这个死也是大势所趋,也是人生的必然,所以,就想开些,豁达地对待之。

庄子说:"死生,命也,其有夜旦之常,天也。"人的生死是不可避免的,就如有白天与黑夜一样平常。他还说:"其生也天行,其死也物化。"一个人的生,是随着自然的运动而生的,一个人的死,也只是事物转化的结果。生若浮游在天地之间,死若休息于宇宙的怀抱。

人生的蜕变——个人深层文化意识的觉醒

既然是这样,我们有什么想不开的呢?特别是对待突然变故、死于非命与疾病的少年、中年夭折等情况,也应该正确对待。如果这类的事发生在亲友身上,不要过分悲伤,要把心思放在自己的生命上,把自己的生命珍重好,把自己的生活打理好。相反,如果我们不能正确对待"死神"的降临,接受不了失去生命的现实,悲哀不已,哀伤难解,那样只能是死的人不得安息,活的人也不得安然。这样何苦呢?人死是不能复生的,活人终要活下去,一切悲观消极都无济于事。还有一种情况,就是明知自己的生命不长了,要学会寻找心理平衡,自我解脱,把剩下的日子过好,尽量让自己快乐,让亲人朋友快乐。千万不要悲观,悲观只能是自己惩罚自己,自己跟自己过不去,只能使自己的生命更短,生活质量更差。

第二,正确地对待生、老、病、死

生、老、病、死是人生的自然法则,是谁也无法抗拒的必然规律。按此要求,每个人都应该既不怕死,又不怕活。就拿人们对疾病的态度来说吧,有些癌症患者,不惧不悲,积极同病魔作斗争,有的还琢磨出一套防癌、治癌的办法和措施,虽身患顽症,却感到有意思,有收获。与此相反,有的患者却拒绝治疗,便会很快死去,更有甚者,有的没病恐病,自己被自己吓死了。

还有些人怕活着,因受不了挫折、失败和各种分歧、矛盾、苦难的挑战、侵扰及打击,感到活着没有意思,厌世轻生,于是有的跳楼,有的投江,有的卧轨,有的悬梁。这说明,只有正确地看待生、老、病、死,才能活的有意思,才能真正笑对人生。

第三,奉献让有限的生命创造更大的价值

人生的价值好比一盏灯,灯用它短短的生命力点亮世界,照亮人生,勇于奉献,实现了自己的价值。我们的人生在苍茫的宇宙中也只是短短的一瞬,然而,要让我们的生命在这一瞬像灯一样发出耀眼的光芒,就必须要用一生的奉献来实现人生的价值。

第四章 正确的人生价值观

人们对人生价值的追求可以分为三个层次。第一个层次是对于物质利益的追求，也就是这一层次的人把生命的价值与意义定位于对物质利益最大限度的享有；第二个层次是对社会尊严、社会名誉和社会地位的享有；第三个层次的人把人生的意义定位于对社会道义的享有，这样的人会处处为别人着想，不论什么时候都会自觉地把实现他人的实际福祉作为自己的人生价值。

在现实生活中，要实现他人给予的社会尊严、荣誉、地位等利益，就必须为他人的实际福祉作出贡献，就必须要付出。要获得他人和社会的承认，要获得更多的名誉和尊严，就必须为他人和社会作出更多、更大的贡献，要有更多的创造、更多的成就和更多的付出。

一个人生命的价值不在于你拥有了多少，而在于你奉献了多少。灯的价值就在于它无私的奉献，我们是否应该学习灯的精神呢？更多的为别人付出，来实现你的价值呢？生命的价值在于奉献，只要你肯奉献，那么生命便是有价值的。

第四，要延缓心理的衰老

心理的衰老和身体的衰老是互为因果关系的，尤其心理的衰老可加速身体的衰老，所以，要延缓衰老首先要延缓心理的衰老。中国有句古话叫做："哀莫大于心死。"心死了，一切也都没了，所以养生要先防心老。

养生重在养心。一方面，心是人的主宰。中医有句名言叫作："主不明，则十二官危。"就是说，人的一切心理、病理，都受心主宰。"心主神明"。另一方面，心不老则全身不老。人的心神是至关重要的。一个人无论形体如何健壮，但如果对人生失去了兴趣，那形体也无非是一具失去了灵魂的躯壳，所以养生必须先从养心开始，这就是心理养生的重大意义。因此，养生要从养心开始，心不老人就不老。

养心需要方法和技巧：

一是打破自我封闭。要多增加社会活动，可以多参加一些公益活动，例如结伴旅游就是消除自我封闭的有效办法,尽量避免独处。

二是正确地面对衰老。衰老和死亡是任何人都回避不了的自然规律,要树立正确的生死观,消除对衰老的恐惧,坦然面对和迎接自然衰老。既然人人都得死,我又何必怕死。

三是多用脑。可以选择读书、下棋、玩电脑、打牌等,脑不衰则往往全身不衰,所以要有意识地多用大脑。

四是增进家庭和谐。增添家庭的乐趣,提高家庭生活质量,通过美食、旅游、游戏等增进家庭和谐,多进行家庭健身运动,如全家出去郊游等。

五是增强对自身健康自信。要相信自己的健康程度,每年定期进行健康体检,没有问题就不要无病呻吟,杞人忧天。

六是积极的人生观。要注重心理保健,要避免焦虑、孤独、自卑等不良情绪,保持乐观、开朗、向上的积极心态。

七是充足的营养。保证大脑的充足营养,多进食牛奶、瘦肉及含卵磷脂比较高的食物。

八是提高适应能力。多到新环境,多接触新事物,接受新的刺激以增强适应能力,比如多旅游,多聚会,多看书,多体验。

阻截心理衰老最好的办法是:冲出自筑的牢笼,走进生活,融入社会。

总之,生与死只是自然的过程,每个生命都要经历,关键是人的生命该以什么样的形式延伸下去。我们应该追求道德的高尚、人格的完美、心灵的净化和行为的真善;应该追求清廉务实的美名,追求宁静淡泊的心境,这便是人生的最高境界。让我们都能正确对待生死,天天都有好心情吧!

| 第四章 | 正确的人生价值观

树立正确的金钱观

金钱观是对金钱的根本看法和态度,是和人生观紧密相连的。一本书中说:"金钱是好仆人、坏主人。"是做金钱的主人,还是做金钱的奴隶,这反映了两种不同的金钱观。

每个人的心里对金钱都有着自己的认识和理解。走在熙熙攘攘的大街上,随便找些人问他们"金钱是什么?"也许会得出形形色色的答案。孩子们眼中的金钱可能是一些玩具和糖果;俊男美女们眼中的金钱可能是帅气与美丽的"资本";父母眼中的金钱可能是望子成龙的"灵丹妙药";夫妻眼中的金钱可能是幸福家庭的标准;老人们眼中的金钱可能是坐享清福的欣慰……总之,很多人都以为金钱是幸福和满足,金钱就是无所不能的"救世主",有了金钱,就可以坐拥一切,得到自己想要的东西,饱食终日;没有金钱,将会被人轻视,出力不讨好,一事无成。然而,现实与幻想终有差距,我们在现实生活难道就是为了金钱而活吗?

金钱,这是一种片面的物欲满足,一路过往的云烟,一个虚拟的世界。它乃身外之物,招之即来,挥之即去,守财奴视它如万能之宝,高尚的人视它如掌中之物。一切构筑在金钱之上的幸福,那将是空乏而不真实的,只能给我们带来短暂的满足,无法停留在我们的心灵深处。它并非无所不能,你无须把它看得太重,倘若你没有太多的金钱,却拥有着一颗炽热、纯洁、善良的心灵，那你的生活也能过得很幸福，它能将虚拟的感情冲垮，把你与其他人的心拉得更近。这一切，难道不是更胜于金钱所带来的物欲满足吗？

对待金钱的态度，充分展示着一个人的世界观和人生哲学。树立正确的金钱观，我们的灵魂更纯洁，道德更高尚，人生更有意义。如凡事都在金钱利益上着眼，就难免会在情义上有几分刻薄。只贪图物质享受的人，有时会失去许多精神上的自由和心安理得的快乐。

那么，怎样才能树立正确的金钱观呢？

第一，对金钱应该取之有道

追求有质量的生活无可厚非，这是人性所在。但正所谓"君子爱财，取之有道"，索取非正常渠道的不义之财，终究会受到良心的谴责或是法律的制裁。

第二，对金钱的追求不要无止境

如果把追求金钱当作终极目的去追求，人生会味同嚼蜡，只会攒钱或者挥霍无度，都会使人形成变态消费心理。

第三，合理、正确地使用金钱

把钱花在该花的地方，那么，我们就是金钱的主人。但如果不进行规划，不会合理地使用钱，把它花在一些奢侈的地方，那么我们就是金钱的奴隶。

第四，养成合理用钱的习惯

好的用钱习惯有利于我们树立正确的金钱观，指导我们理性地对待金钱，通过正当途径挣钱，把钱用到有利于国家、社会，有利于他人的地方，用到有利于自己全面发展，实现人生价值的地方。

总之，我们对金钱要有一种正确的认识。既不能像晋朝的王夷甫那样把它蔑称为"阿堵物"，连碰也不愿碰它，也不能为它而疯狂，用不正当的手段去获取它。总之，我们对钱的态度应是"取之有道，用之有度"。

第四章 正确的人生价值观

怎样消除自私心理

自私是一种较为普遍的病状心理现象。"自"是指自我,"私"是指利己,"自私"指的是只顾自己的利益,不顾他人、集体、国家和社会的利益。常有自私自利、损人利己、损公肥私等说法。自私有程度上的不同,轻微一点是计较个人得失、有私心杂念、不讲公德;严重的则表现为为达到个人目的,侵吞公款、诬陷他人、杀人越货、铤而走险。自私之心是万恶之源,贪婪、嫉妒、报复、吝啬、虚荣等病态的社会心理从根本上讲都是自私的表现。

自私具有深层次性、下意识性和隐秘性等特点。深层次性体现为自私是一种近似本能的欲望,处于一个人的心灵深处;下意识性体现为有自私行为的人并非已经意识到他在干一种自私的事,相反他在侵占别人利益时往往心安理得;隐秘性体现为为了逃避舆论谴责和社会惩罚,自私的人常常口唱高调,故作姿态,或者偷偷摸摸地占别人的便宜,在谎言和假象之中,隐藏其内心自私的本性。

一般来说,自私的人都鼠目寸光,都很"小气",都很吝啬,将自己的东西看得很重;自私的人都缺少良心,没有同情心,没有爱心,没有恻隐之心,经常逃避责任,缺乏利他之心;自私的人一般都很贪婪,对待别人的东西,像贪吃的老虎,对待自己的东西,像吝啬的老鼠;自私的人一般都缺乏感激的心情，缺乏感恩的美德，不会以德报德，只会以怨报德，经常忘恩负义，更不会互助互爱；自私的人一般都缺乏社会责任心。

如果人人都变成彻头彻尾的自私者，这个世界会变成什么样？如果人人都利己，人人都自私，那么，人与人之间就没有了相爱、互助，而是充满了你争我夺，尔虞我诈，充满了猜忌、怨恨，人和人之间关系将会变得充满敌意，人群和人群之间的矛盾必将激化，社会与社会之间必将是冲突升级，国家与国家之间必将是战争不断，最后的结果必然是人类自身的毁灭。

那么，怎样才能消除自私心理呢？

第一，消灭贪婪的欲望

欲望，通常是指人们想要得到某种东西，或者达到某种目的的愿望或要求。孔子在《礼记》中写道："饮食男女，人之大欲存焉。"意思是说，大凡一个常人，心中至少存有"饮食"与"男女"两个方面的欲望。

人生有欲，原本正常。问题在于，对有些欲望，人们既要善于甄别，也要自觉地抑制。比如，对待那些带有贪婪色彩的欲望，人们不仅要保持头脑清醒、严加制约，而且要扎牢篱笆、紧紧锁住。否则，一旦把门打开，就像打开潘多拉魔盒一样，所有贪婪、侵占、强取、豪夺等人世间的邪恶都将被释放出来，不是兴风作浪，便是无事生非。其可怕后果，也就可想而知了。

贪婪的欲望会使人无所而不为，要减少一点私心就必须要减少一点自己的那些不切实际的欲望，将贪婪、野心统统都消灭于萌芽状态，只有这样私心才不会发展起来。消灭贪婪的欲望关键在于，既要善于甄别，又要见诸行动，用心实践积极的欲望，自觉地锁紧贪婪的欲望。反之，良莠不辨、善恶颠倒，贪得无厌、欲壑难填，丢掉了起码的职业道德操守，放弃了廉洁从政的基本准则，腐败的幽灵就会乘虚而入，各种各样的"怪病顽疾"，必将随之而生，等到病入膏肓之时，就无可救药了。

第四章 正确的人生价值观

第二，调适自私的心理

调适自私的心理有如下方法：

一是内省法。这是构造心理学派主张的方法，是指通过内省，即用自我观察的陈述方法来研究自身的心理现象。自私常常是一种下意识的心理倾向，要克服自私心理，就要经常对自己的心态与行为进行自我观察。观察时要有一定的客观标准，就是社会公德与社会规范。而要反省自己的过错，就必须加强学习，更新观念，强化社会价值取向，向毫不利己、专门利人的模范学习，对照榜样与模范找差距。并从自己自私行为的不良后果中看危害、找问题，总结和改正错误的方式、方法。

二是多做利他的事情。一个想要改正自私心态的人，不妨多做些利他的事情。例如关心和帮助他人，给希望工程捐款，为他人排忧解难等。私心很重的人，可以从让座、借东西给他人这些小事情做起，多做好事，可在行为中纠正过去那些不正常的心态，从他人的赞许中得到利他的乐趣，使自己的灵魂得到净化。

三是回避性训练。这是心理学上以操作条件性反射原理为基础，以负强化为手段而进行的一种训练方法。通俗地说，凡下决心改正自私心态的人，只要意识到自私的念头或行为，就可用缚在手腕上的一根橡皮弹环弹击自己，从痛觉中意识到自私是不好的，促使自己纠正自私的心态。

第三，多增加一点社会责任感

社会责任感就是在一个特定的社会里，每个人在心里和感觉上对其他人的伦理关怀和义务。具体点说就是，社会并不是无数个独立个体的集合，而是一个相辅相成、不可分割的整体。尽管社会不可能脱离个人而存在，但是纯粹独立的个人却是一种不存在的抽象。简单点说就是没有人可以在没有交流的情况下独自一人生活。所以我们一定要有对社会负责，对其他人负责的责任感，而不仅仅是为自己的欲望而生活，这样才能使社会变得更加美好。

法国一位文学家说:"最高的圣德便是为旁人着想。"做什么事情之前先替他人想一想:对他人会产生什么样的后果,带来什么样的不幸和痛苦,这样想得多了,自然就能减少自己的自私行为。一个能将自己为社会服务看作是自己的天职的人,其私心一定是很少的。

第四,注重榜样的力量

有人说:"榜样的力量是无穷的。""身教重于言教。"这些都是对道德模范社会价值的精辟揭示。道德模范之所以具有巨大的社会价值,从根本上取决于道德自身的特定本质与特征。要想做到不自私,多向那些模范人物学习,将他们的优秀品质学过来,平时要加强自己的文明修养,这是减少私心的重要方法。

总之,自私行为,是一个容易导致其他不良品质的重要根源。消除自私心理,最有效的方法就是消灭贪婪的欲望,做好自我调适,增加社会责任感,多向榜样学习。只有这样,才能收到根本性的实效。

第五章 培养新的思维方式

　　唤醒深层文化意识，重在思维方式的转变。不同的文化背景下人们形成不同的思维方式。建立社会主义市场经济，是一个庞大的社会系统工程，要把长期以来计划经济体制下人们形成的思想观念转变为与社会主义市场经济相适应的思想观念，就应当具备围绕市场经济的创新思维方式。也就是说，应该努力使自己的工作跟上时代的步伐，满足整个社会不断发展和变换的需要，使自己为整个社会提供的服务更加科学，更加符合客观规律，质量更高，成效更大。为此，本章内容阐释了观察力、注意力、记忆力、想象力、创造力以及兴趣所在、心理暗示等相关命题，旨在帮助人们培养新的思维方式，在竞争中站稳脚跟，求得发展。

思维能力是智力的核心

什么是思维？思维是指在表象、概念的基础上进行分析、综合、判断、推理等认识活动的过程。思维是人智慧的中枢，属于认识过程的理性阶段和高级的反映形式，能使我们把握住事物的本质、全貌和内在联系，从而打破直接认识的局限，扩大知识、经验的范围，达到推知过去，预见未来的目的。

人们通过思维活动，能更深刻、更准确、更完善地反映现实，能认识到人们直接观察到的事物的内在联系。在智力的组成因素中，思维占有十分重要的地位，要运用和发展智力，就必须运用思维能力。思维能力在一个人学习和成才过程中起着至关重要的作用。

既然思维能力如此重要，那么，究竟怎样才算具有合理的、高效的思维能力呢？简要来说就是思维要具有系统性和发散性，下面的故事会给人们带来一些启发。

在美国麻州剑桥市这个小地方，有着两所全世界知名的高等学府——哈佛大学和麻省理工学院。麻省理工学院紧邻着查尔斯河，从学校到附近的大城波士顿，必须过桥。连接麻省理工学院和波士顿最主要的桥梁，叫"哈佛大桥"。

第五章 培养新的思维方式

这摆明了是早在17世纪就成立的哈佛大学，运用他们在剑桥市的庞大势力，欺负晚到的麻省理工学院。麻省理工学院上上下下恨透了每天进出都需要经过"哈佛大桥"，多次要求重新命名这座桥，奈何势力不如人，始终无法如愿。

有一个麻省理工学院的学生，于是想了一种"收复"大桥的方法。一天，他组织了几位同学，重新测量哈佛大桥的长度，测量的工具，是他自己的身体。一次又一次，他躺下来，从桥头到桥尾，看看这座桥到底等于他身长的几倍。他在测量的过程中，在桥上留下每一个身长单位的记录，最后宣布其结果。

于是这座桥有了全世界独一无二的长度记录。而且这种新创度量标准的做法，和"理工学院"的精神相呼应。很快的，大桥的身长记录变成了这座桥最值得一看的景观。桥还是叫"哈佛"，但是人家经过时，口里传颂的、心里想起的，是一个麻省理工学院学生新创度量标准的做法。

这是若干年前的事了，但到今天还在哈佛大学与麻省理工学院的学生间普遍流传。从这个故事，他们从中感受到了一种活泼、不拘一格、容许创意的学风。不能有和别人不一样想法的地方，又怎么可能塑造出像麻省理工学院这样的成就与名声呢？

就发散思维而言，为什么人的思维有时会变得愚蠢？根源就是大脑被思维定式"锁"住了。当人们思考某个问题的时候，会逐渐形成一种思考习惯，以后碰到同类问题，就会根据已有的经验、知识，按照固定的思考程序去考虑，就和条件反射一样。可见，在同一个或者同一类问题上反复进行思考通常会在思维上形成惯性，这就是我们说的思维定式。这种定式常常妨碍我们找到解决问题的更好方法。要让你的思维变得更加灵敏高效，就要进行有针对的发散思维训练。系统的、科学的发散思维训练能让你轻松挣脱思维枷锁，让思维像野马一样肆意奔驰。我们面对问题常常会束手无策，其实，在耗费了巨大精力以后才发现，解决方法竟如此简单。

此外，形象思维也是思维能力的重要内容。形象思维的基础也是感性认识，它包括感觉、知觉、表象三个互相联系、依次发展的形式。感觉反映的是事物的个别属性，知觉则是对事物的整体认识和把握，表象则是存在于人大脑中的、对客观事物的模拟反应，它是感性认识的最高阶段。

形象思维，就是在人脑中对表象材料进行加工处理，让它变成具有理性意义的新形象的过程。在这个过程里，我们通常运用比较、概括、分析、综合、回想、联想、想象等手段，让思维进入更高、更新的层次。可以说，形象思维的关键就在加工处理的过程中。我们要提高自己的形象思维能力，就要从表象培养、分析综合、再造想象三个阶段出发，让自己拥有敏锐而广阔的形象思维能力。表象是分析综合的基础。

培养思维能力要注意以下几点。

第一，善于发现问题，提出问题

思维活动是从问题开始的，善于发现问题，会提出问题，是各种专门人才必须具备的素质。

第二，明确思维的目的和方向

思维总是为解决一定的问题而进行的，有目的的思考才有意义，才有可能成功，漫无目的的乱想不会有结果。

第三，思路开阔，知识充分，方法得当

思维只有在清楚、开阔时才能顺利进行，才能以最简捷、最有效的方法去分析和解决问题。

第四，积极发展创造性思维

创造性思维是思维的高级阶段，创造任何一样东西都与创造性思维有关。要想发展创造性思维，仍然要有强烈的求知欲和好奇心，并且，思维要

| 第五章 | 培养新的思维方式

流畅、变通,要不依定规,努力寻求变异,探索多种解决问题的办法。

总之,思维能力是智力的核心,人们要养成善于发现问题,提出问题的习惯,不断开阔自己的思路,积极发展创造性思维。

观察力是智力活动的源泉

什么是观察?观察力的好坏对人生的发展有无影响?有多大影响?如何加强对观察力的训练和培养?

观察是人们认识世界、增长知识的主要手段,它在人们的实践活动中都具有非常重要的作用。观察力是智力活动的源泉和门户,人们通过观察,获得大量的感性材料,获得对有关事物的鲜明而具体的印象,经过思维活动的加工、提炼,上升到理性认识,从而促进智力的发展。

观察是一种有计划、有目的、较持久的认识活动,那些科学家、发明家、改革家、教育家、艺术家等的成就,在很大程度上是与他们的观察力的高度发展分不开的。可以说,人类社会的众多发明创造,都是精心而深邃、长期而系统的观察所孕育的硕果和结晶。

某大学治安系犯罪预防专家在他主编的书中,对住宅建筑物的安全性检查列出了三十多个观察点,对建筑物的安全观察而言,很有借鉴意义。

观察入口:门是否为金属或硬木结构?门上是否有备用锁?门闩和门闩板是否牢固?如果门上无窗户,门上是否有窥视镜或对讲电话?能否从设在门边的邮件投递口、交货口或动物门（猫、狗门）去破坏门锁？有无带有保险锁的屏风或防暴门？是否所有外部入口都有照明？从大街上或公共场所能否观察到入口？门廊或风景设计能否挡住来自大街或公共场所的视线以隐蔽入口？如果是滑动玻璃门，滑动部件是否有滑出导槽的危险？在滑动玻璃门上是否安装了备用钥匙开的备用锁？滑动门是否安装在坚固的滑槽里？

观察车库及地下室入口：从车库及地下室通往起居室的所有入口是否都是金属结构或硬木结构？车库到起居室的门是否有用于外部入口的备用锁？地下室到起居室的门是否有能从起居室内开的备用锁？

观察一楼窗户：除了常规锁之外，是否所有的窗户均有钥匙开的锁或门闩设备？是否所有的窗户均有从内部上锁的屏风或防暴板？哪一扇窗户开了会面向危险点（地区）或为夜盗提供特殊冒险的入口？窗外空地是否受隐蔽物或风景的影响？

观察二楼以上的窗户：二楼以上的窗户是否开向走廊、车库的房顶或毗邻建筑物的房顶上？如果是这样的话，其门窗是否也像一楼那样采取了适当的安全防范措施？树木及灌木丛是否都修剪得远离二楼以上的窗户？楼梯是否都建在房屋的外面？

观察地下室门窗：外面是否有通向地下室的门？如果有从外面通往地下室的门，对于这个外门是否有适当的安全防范措施？地下室入口外面是否用外部灯光予以照明？地下室的门对大街或邻居是否隐蔽？是否所有的地下室窗户均消除了成为入口的危险？

观察车库的门窗：汽车入库的门是否装锁？车库的门是否总关着并始终上锁？车库的窗户是否有一楼窗户那样可靠的安全防范措施？从外边进入车库的门，其安全措施是否像任何一楼入口要求的那样？所有车库门的外面是否有灯光照明？

……

第五章 培养新的思维方式

通过诸如此类、数不胜数的观察联系，我们可以发现，多听、多看、锻炼感官、积累感性知识，是观察力得以发展的前提。这就是说，对观察物的观察一定要体现一个实地性，多到现场走几次，每走一次就画一次图，把各个关键部位一一标明。这样有过几次以后，你将发现不但自己的观察能力有了很大提高，就连对观察物本身各系统的构成与分布也将非常熟悉。

观察的过程也恰恰是以感知为基础的，但并不是任何感知都可称为观察。真正的有效的观察过程既包含感知的因素，也包含思维的成分，如果在观察过程中不注意锻炼思维能力，那么观察也只是笼统、模糊和杂乱的，既不可能抓住事物的主要特征，更不可能做出科学的判断。归纳而言，靠自己的感官，有目的、有计划、主动地去感知，并且只有将感知与思维相结合，才是真正的观察，而这种观察现象、抓住本质的能力，才是真正的良好的观察力。

那么，如何培养观察力呢？

第一，观察的目的、方法和技巧

要有明确的观察目的，更重要的是掌握正确的观察方法和技巧。要使观察能顺利进行，必须掌握一定的观察方法，学会观察的技巧。观察时，必须根据观察目的，有计划、有次序地进行，对该了解什么，从哪些方面入手，要心中有数，观察时还应用心思考，不能走马观花。

由表及里、由此及彼地观察一般可以有以下几种方式：

一是按时间顺序观察；

二是按事物所处的空间顺序观察；

三是按事物结构观察；

四是按事物特点观察；

五是按事物的形态观察。

第二，观察过程中要有良好的心理条件

常言道："兴趣是最好的老师"，只有当你对某一事物或现象有了浓厚的观察兴趣后，才能积极、主动、持久地观察它，因此广博而稳定的兴趣是观察力得以提高的重要一环。丰富的表象，储备的经验，是提高观察力的重要因素，所谓"外行看热闹，内行看门道"，"仁者见仁，智者见智"，都证明了这一点。

总之，培养观察力，势在必行，需要我们更加努力，因为观察力是智力活动的源泉。

注意力是打开智慧的天窗

什么是注意力？注意就是心理活动对于一定对象的集中指向。人在注意时，心理活动总是有选择地反映一定的对象而离开其余的对象，这样才能保证获得准确清晰的认识。

心理学家曾经做过一个富有启发性的实验：参加实验的人分为三组，第一组拿一幅图像让他们任意欣赏，第二组看图像画的是什么，第三组看每一幅图像时都去搜寻其中的颜色及形状的突出特征。每个接受实验的人都分别观看屏幕上显示的彩色图像22秒钟，马上按一下按钮，画面消失。然后让这三组人分别对这些图像及其细节进行回忆。

实验结果十分有趣：第三组回忆的结果明显高于其他两组。尽管第三组需要做得最多，即找出每幅图像颜色及形状的突出特征，但他们的记忆力最好，另外，和其他组相比，第三组被试者觉得自己的任务一点也不费力。

第五章 培养新的思维方式

如何解释这一结果呢？第三组所接受的任务是具体的，而且提出了一定的要求。看来，当有非常具体的、有要求的搜索及探究目标时，我们对它的感受就深入得多，因为我们全部的注意力、我们的全部的感官和整个身体都为此做好了准备，也就是我们集中了注意力。

对只需要在脑海中记忆图像轮廓的第二组来说，布置任务的要求似乎太少了，对第一组被试者提出的"任意欣赏图像"的任务也同样如此。实验结果为我们指明了一个方向。如果想让孩子记住某一个信息，就必须沿着这一方向走：要让思想变得积极主动并能集中，我们必须事先为它拟定有挑战的、十分具体的任务和目标，并使孩子排除一切干扰，一步步地去实现它。一般学生都有这样的感觉，考出好成绩最关键的因素分别是集中注意力、记忆力和效率。其实这三个领域是相互交错、唇齿相依的。如果提高了注意力的集中程度，我们就会更容易记住事物，如果我们能很好地专注于我们的任务，我们的效率就会更高。因此，集中注意力从根本上来说决定了我们是否能搞好学习。

注意是学习与成才的重要条件，该学什么，该做什么，该怎么做，这种对内容的选择都是由注意决定的。在单位时间内，因为人的精力有限，不可能一心两用，故只有靠专心致志、全神贯注、聚精会神，才有可能达到最佳效果。

注意对人的一生具有十分重要的意义，它可以保证人能及时而准确地反映客观事物及其变化，使人能更好地适应周围的环境。良好的注意力能使人们集中精力，提高观察、记忆、想象、思维的效率。可以说，能集中注意力的人就等于打开了智慧的天窗，所以对注意力的培养对于开发人的智力，提高学习质量与工作效率，是必不可少的因素。

那么，怎样培养注意力呢？

第一，树立远大的理想

树立远大的理想和正确的人生观，可以提高学习的自觉性，对培养和发展有意注意具有重要的意义。

第二，培养广阔而稳定的兴趣

注意和兴趣的关系往往是间接的，人对于活动的过程可能没有兴趣，但对于活动的结果却有很大的兴趣。这种间接的兴趣几乎存在于一切自觉进行的每一项活动中。

第三，养成细致、认真的习惯

注意的分散是学习、工作的大敌，培养注意力必须培养细致、认真的习惯。

我们要善于运用注意的规律安排自己的学习活动。只有通过学习充实了自己，才能为成功创造前提。

记忆力是智慧的基石

什么是记忆力？记忆是人脑对过去经验的反映。从字面上讲，它是一个从记到忆的过程。所谓记，就是记住，记牢。"记住"在心理学上叫识记，是识别并记住事物，从而积累经验的过程；"记牢"在心理学上叫保持，即巩固已获得的知识、经验的过程。所谓忆，则是重新认出或回想起来，对以前感知过的事物重新认出来，叫再认，以前感知过的事物不在眼前，也能把它重新呈现出来，叫回忆。

记忆在人们的生活、学习、工作中有重大的意义。有了记忆，人才能保持过去的经验，使当前的反映在过去经验的基础上展开，使得反映更全面、更深入、更准确。

第五章 培养新的思维方式

记忆力是智力活动的仓库，素有"心灵之仓"之称。假如智力是一家工厂，那么记忆便是原料仓库，只有当这个仓库中储备了丰足的原料和信息后，工厂才能很好地工作，加工、创造出好的产品来。

关于记忆力，有心理学家领导了一项"社交活动越多记性力越好"的研究。他们曾经用六年的时间跟踪了一万六千多人，这些人的年龄在40岁至80岁之间。研究人员对受试者的记忆进行评估，例如让他们回忆一个写有十个单词的表格等。之后，研究人员对他们的婚姻状况、志愿者活动、参加社交活动的频率、对邻居和同事的了解程度进行调查，以评估他们的社交情况。

六年后研究人员再次测试了这些人的记忆力，结果发现，与社交频繁的受试者相比，社交少的人记忆力下降的速度要快两倍。这表明社交活动多的人记忆力更好。平时与家人朋友联系密切的人，年老后出现记忆力减退的概率更低。

研究人员表示：社交能够改善和年龄有关的记忆力减退，而且社交越频繁，发生记忆力减退的概率就越低。因此，要多与人交往，这能够充分开发大脑潜力，让记忆力更好。

培养一个人的良好记忆品质，要以记忆的正确性和备用性为主导，以持久性为基础，以敏捷性为条件。为了提高记忆敏捷性，一是明确记东西的目的；二是记忆时注意力要集中；三是学会一些记忆的方法。为了提高记忆的持久性，一是加强对记忆材料的理解，学会和善于把要记忆的材料纳入已有的知识、经验与系统之中；二是在学完、记住之后，要经常地、及时地复习，要掌握复习的方法，提高复习的效果。为了提高记忆的正确性要做到：一是养成经常检查记忆效果的习惯；二是经常运用已学过的和记住的知识。为了提高记忆的备用性，一是对掌握的知识要尽量系统化，对知识要加以分析和比较，使脑内的记忆材料井然有序；二是经常运用已学过的知识，不要什么东西都想记住，而只要去记那些真正需要记住的东西。

记忆力是智慧的基石。因为良好的记忆力为你的创造能力、思维能力和观察能力奠定了坚实基础，让你可以比别人拥有更多时间、更高效率。记忆力的好坏有遗传的因素，但更重要的是需要得到经常的、正确的训练。要想具备良好的记忆力，可以运用以下方法进行训练。

第一，注意力要集中

记忆时只要聚精会神、专心致志，排除杂念和外界干扰，大脑皮层就会留下深刻的记忆痕迹而不容易遗忘。如果精神涣散，一心二用，就会大大降低记忆效率。

第二，兴趣浓厚

如果对学习材料、知识、对象索然无味，即使花再多时间，也难以记住。

第三，理解记忆

理解是记忆的基础。只有理解的东西才能记得牢，记得久。仅靠死记硬背，则不容易记得住。对于重要的学习内容，如能做到理解和背诵相结合，记忆效果会更好。

第四，运用联想

运用联想的方法，将抽象信息和具体事物联系起来，让大脑在读取信息时流畅顺利，记忆才深刻难忘。

第五，及时复习

遗忘的速度是先快后慢。对刚学过的知识，趁热打铁，及时温习巩固，是强化记忆痕迹、防止遗忘的有效手段。

第六，经常回忆

学习时，不断地进行回忆，可使记忆中的错误得到纠正，遗漏得到弥补，使学习的内容、难点记得更牢。闲暇时经常回忆过去识记的对象，也能避免遗忘。

第五章 培养新的思维方式

第七,视听结合

可以同时利用语言功能和视觉、听觉功能,来强化记忆,提高记忆效率。比单一默读效果要好得多。

第八,利用多种手段

根据情况,灵活地运用分类记忆、图表记忆、缩短记忆及编提纲、做笔记、做卡片等记忆方法,均能增强记忆力。

第九,科学用脑

在保证营养、积极休息、进行体育锻炼等保养大脑的基础上,科学用脑,防止过度疲劳,保持积极乐观的情绪,能大大提高大脑的工作效率。这是提高记忆力的关键。

总之,记忆力是智慧的基石。因为良好的记忆力为你的创造能力、思维能力和观察能力奠定了坚实基础,让你可以比别人拥有更多时间、更高效率。

想象力是取得成功的前提

什么是想象力?想象是人脑对已有的表象进行加工改造,创造新形象的过程。当然,这种新形象不是凭空而来的,而是在过去感知过的材料的基础上产生的。因此,感知的材料越丰富,知识经验越渊博,想象就会越丰富、越精妙。

想象是智力发展的重要因素。可以说,想象是智力活动的翅膀,它是人们学习科学文化知识和进行创造性活动必不可少的条件。一个人想象力丰

人生的蜕变——个人深层文化意识的觉醒

富，思路必然开阔，智力发展水平便会有所提高；反之，想象贫乏，思路狭窄，其智力就难以发展。

一个人的命运，一件事的结局多半是由我们的思维方式决定的。用怎样的方式思考，就会获得怎样的结果。

刘伟是一名普通的擦鞋工，他在某市工作好些日子了。绝大多数的人对他态度友善，但有一天来了一个人，这个满脸胡须的家伙让刘伟觉得面熟，但就是想不起来在哪里见过面。"你一个礼拜赚多少钱？"这个人问刘伟，问话的语气让人感到是在揶揄。

刘伟没有回答他。这个人又继续说话了："我像你这样的年龄时，已经赚了很多钱。"他两眼不停地扫视四周。刘伟却一直回想在哪里见过他。蓦地，他想起来了，在邮局见过他的画像，他是个逃犯，是警察要抓的人。

这个人接着说："你知道，人们欠缺的是想象力，你擦皮鞋就是一种缺少想象力的工作。"刘伟快速地擦着他的皮鞋，只想越快擦完越好。这个人又说："16岁时，我就赚了两万多块钱。"

刘伟觉得，他究竟挣多少钱自己不能确定，但一定要抓到这个逃犯。刘伟想，可我又能如何呢？难道用鞋油罐子打他不成？像他这么高大的人，可以一脚把我踢倒。要是现在有人来帮忙就好了。

这个人继续说："除了要有想象力之外，还要有敢于冒险的勇气。其实，你可以在鞋带、鞋油之类的小本买卖上动点脑筋。"

突然，刘伟看见警察从街上走过来。说时迟，那时快，刘伟把这个人两只鞋的鞋带绑在了一起。那人一看到警察就说："孩子，我要走了。"刘伟大声叫了起来："警察，快来抓人哪！这个人是你们通缉的逃犯！""住嘴！"那个人咆哮道。刘伟看到那人手里有支手枪，他想逃走，但是没能跑掉。他摔倒在地上，跌了一个嘴啃泥。

第五章 培养新的思维方式

几分钟后,警察告诉刘伟,他可以得到五千元的奖金。警察说:"你真聪明!"刘伟不好意思地说:"啊!不是我聪明,是他提醒我的。他告诉我要有勇气和想象力,可以在鞋带、鞋油之类的小本买卖上动动脑筋。你看,我只不过是在鞋带上打了点主意而已。"

刘伟面对歹徒,想出系鞋带的办法是非常聪明的举动。他如果按照惯性思维,想要通过打斗的方式抓住歹徒,根据双方的力量对比,那几乎是不可能的,还可能会放跑了歹徒,伤到了自己。因此,面对问题时要善于发挥想象力,拓宽自己的思路,用奇思妙想去解决问题,这样往往能事半功倍。

要想培养想象力,应该运用以下方法。

第一,扩大知识领域,丰富表象储备

想象是在已有的表象上展开的,任何想象都不能离开已有知识基础。一个人的感性知识越丰富,就越能产生丰富、生动的想象力。因此要通过各种途径不断拓展自己的知识面,丰富自己的表象储备。

第二,努力养成良好的想象习惯,多参加创造性的活动

人们对周围的一切往往都有强烈的好奇心和浓厚的兴趣,这种好奇心与探求欲望,是值得特别珍惜与爱护的。

第三,积极思维,大胆幻想

只有经过积极、正确的思维,想象才能沿着正确的方向顺利进行。

总之,想象力带来新的想法和新的计划,"用旧石头造出新房子"。太阳底下没有新鲜事,然而,把已有的东西重新组合,可以产生新的东西。

创造力是一种综合性的能力

什么是创造力？创造力是人类特有的一种综合性的能力。它是知识、智力、能力及优良的个性品质等多种因素综合形成的。创造力是指产生新思想，发现和创造新事物的能力。它是成功地完成某种创造性活动所必需的心理品质。例如创造新概念，新理论，更新技术，发明新设备，新方法，创作新作品都是创造力的表现。创造力是一系列连续的、复杂的、高水平的心理活动。它要求人的全部体力和智力处于高度紧张的状态，以及创造性思维在最高水平上进行。

所谓创造，就是运用个人的聪明才智产生出独特而有价值的产品。这种产品，可以是方法、理论、学说，也可以是物品、作品等。所谓创造力，是人们运用已有的信息，生产出某种新颖、独特、有社会或个人价值产品的能力。创造力的核心成分是创造性思维，有时还包括创造性想象。

关于创造力强的特征，我国心理学工作者将其总结为以下十个特征：一是作文想象力丰富，能独立选材，题材新颖、风趣；二是对环境的感受力强，能觉察别人忽略的事实；三是能闻一知十，举一反三，触类旁通；四是能提出卓越的见解，以新奇的方式处理问题；五是心智活跃，思路畅通，解答问题敏捷；六是办事热心，坚持不懈，不怕挫折；七是独立性强，有主见，不轻信别人的意见；八是有自信心、有理想；九是兴趣既广泛又专一；

第五章 培养新的思维方式

十是有强烈的好奇心和探究心理。

关于独立思考与创造力，世界著名的哈佛商学院曾经给培养有创造力的职业经理人界定了如下特质：一是好奇心，这决定创造力的大小；二是具有创意和开放的思想；三是对问题具有较强的敏感性；四是在困难面前能够自信，在机遇面前能够大胆；五是适度的办事动机和强度，不急功近利，更不优柔寡断；六是能够在庞杂的事情面前，抓住问题的核心，做出正确的选择；七是具有创造性的记忆，能使记忆的片段相互联系，具有跳跃的流动性。

其实，我们本身就是具有创造性的个体。我们可以通过实践，使自己的创造性变得更加娴熟，或者更深入地理解围绕在我们身边的创造性能量，这种能量，是我们在任何时候都可以无限汲取的。以下几点来帮助我们培养创造力。

第一，处于放松状态

用点时间，做令自己感到愉快的，能够带来欢乐的，自己热爱的或能够使自己全身心投入的事情。比如沉思、散步、游泳、阅读令人心情愉快的文字，或者记日记，写下你的想法。这些会相当有帮助。

第二，激发你的想象力

想象力是高度视觉化的，练习在闭上双眼的情况下，想象面前看到的栩栩如生的画面，是一种很有帮助的方法。

你可以尝试着闭上双眼，选个你认为理想的场景，尝试着想象你看到的这一场景中的细节。去注意各种色彩、质地，去触摸。它们摸起来是什么感觉？你听到了什么？闻到了什么？温度感觉是怎样的？等等。

第三，专注于此刻

每一位杰出的音乐家或艺术家都会告诉你，当他们在创造伟大的音乐或艺术品的时候，他们的头脑中没有任何杂念，他们完全沉浸在此刻的创作之中，甚至能感受到意识的流动。运动员们把这个称作"现场感"。你可以通过对你此刻做的任何事情，不管是在吃饭、洗碗、整理床铺，还是别的什么，来倾注你全部的注意力，来尝试着练习把全部意识仅集中在当前时刻的能力。沉思对此有很大帮助。

第四，得到灵感

尝试着去想象能打动你的美好事物。翻阅含有能够激发人思维的图片的书籍，参观美术馆，读启发人灵感的文字，与能够使你冷静的人交谈。

第五，寻找替代方案

保持好奇心。试着问自己，如何以不同的方式完成同一件事情。当你看到了一个问题的解决方案之后，再问一问自己："有什么其他方式做这件事呢？"从心理上建立起这样一种态度——"总有另一种方法"，即便其他方法看起来似乎"不可行"时，也要如此。

第六，开放的心态

不要将任何你想到的点子拒之门外，不要轻易对它们做出判决。重视每一个从你的大脑里冒出来的主意，哪怕是那些看起来"愚蠢"或"显而易见"的想法。这个方法能够催生更多有创造性的想法从你的心中浮现出来。

第七，把思考过程落在纸上

用一叠活页纸或者一个笔记本，写下在思考过程中你的大脑里冒出的一切，诸如随意的词语、短语、主意、想法……有时，你也许会想把一些元素圈在一起或在它们之间画线，来将不同的主意联系在一起。当灵感闪现时，一定要跟住它。这时如果你突然想到了另一个主意，先把它简略地记在同一张纸或另一张空白的纸上。

总之，创造力是人类特有的一种综合性的能力，是一系列连续的、复杂的、高水平的心理活动。因此，我们要在生活中注重学习新概念，学习新理论，积极更新技术和发明新设备，用新方法创造美好的生活。

| 第五章 | 培养新的思维方式

兴趣所在就是成功之所在

一个人，他的兴趣在哪里，成功也就在哪里。要想获得成功，就必须培养自己对某一事物浓厚的兴趣。

在心理学上，兴趣是指一个人力求认识某种事物或爱好某种活动的心理倾向，这种心理倾向是和一定的情感联系着的。"我喜欢做什么？我最擅长什么？"一个人如果能根据自己的兴趣去设定事业的目标，他的积极性将会得到充分发挥，即使在工作中历尽艰辛，也总是兴致勃勃、心情愉快；即使困难重重也绝不灰心丧气，而能想尽一切办法，百折不挠地去克服它，甚至废寝忘食，如痴如醉。

兴趣是最好的导师，做你感兴趣的事、想做的事，你才更有可能成功。当你不知所措的时候，请静下心来听一听你内心的声音。只有听从自己内心的呼唤，做自己喜欢的事情，才能全力以赴，也才能做得更好。

有这样一道题：在世界首富比尔·盖茨的办公桌上有五只带锁并贴有标签的抽屉，它们分别是财富、兴趣、幸福、荣誉和成功。盖茨只随身携带其中的一把钥匙，其他的钥匙都锁在抽屉中。那么请问，其中哪一把钥匙是盖茨带的？剩下的四把钥匙锁在哪一只或哪几只抽屉里？

这道题不是别人出的，正是比尔·盖茨自己。他给出的问题答案是：在你最感兴趣的事物上，隐藏着你人生的秘密。一位心理学家所做的一项研究，也验证了比尔·盖茨的这一观点。这位心理学家调查了二十位从事自己喜欢的工作的大学毕业生，另外也调查了同样年龄、决定先投身热门行业、等赚到钱后再从事自己喜欢的工作的二十位毕业生。二十年后，这位心理学家在两个对照组中发现，从事自己喜欢的工作的对照组中有十八位成为百万富翁，而另一组只有一位。

在这个世界上，财富、兴趣、幸福、荣誉和成功对我们来说都非常重要，但是，当必须做出唯一选择的时候，我们往往会发觉自己的兴趣比名利和地位更重要。

只要用心观察我们就会发现，几乎所有成功者的身上都有一个共同的特点，那就是他们往往都是在自己擅长的领域中做喜欢的事。换言之，一个人如果能够在自己最擅长的领域中做自己最喜欢的工作，那么成功的概率将会大大提高。

对很多人来说，要发现自己擅长做什么，是比较困难的，因为他们宁可相信别人，也不相信自己。有统计显示，仅有30%左右的人能够清楚地认识自己，在自己最擅长的领域中发展，把自身优势最大限度地发挥出来，获得应有的成就。与此相反，有70%左右的人由于对自己没有彻底的认识，不知道自己的特长在哪里，总是被动地在自己不擅长的领域中做着不擅长的事，这些人当然也就很难发掘自己的潜力，因此很难成就一番大事业。

其实，不必看轻自己，要相信你的能力是独一无二的。社会上大多数的人，只会羡慕别人，或者模仿别人做的事，很少有人能认清自己的专长，了解自己的能力，然后锁定目标，全力以赴，所以不能够成大事。如果你用心去观察那些成大事者，会发现他们几乎都有一个共同的特征：不论才智高低与否，也不论他们从事哪一种行业，担任何种职务，他们都在做自己最擅长的事。发现并且判断自己的兴趣所在，有时需要一定的时间，所以杰出人士通常会通过对自己以往经历的回顾，将自己的兴趣归于某种兴趣类型，然后

| 第五章 | 培养新的思维方式

以此为基础为自己的将来定位。

成功人士在为自己的价值能够得以实现而寻找途径的时候，所遵从的第一要务不是要求自己立即学习到新的本领，而是试图将自己身体内原有的才能发挥到极致。对于这个问题，有一个很恰当的比喻，即要使咖啡香甜，正确的做法不是一个劲儿地往杯子里加砂糖，而是将已经放入的砂糖搅拌均匀，让甜味完全散发出来。

那么，怎样培养良好的兴趣呢？兴趣的培养方法很多，主要有以下几种。

第一，增加知识储备，培养兴趣的基础

知识越丰富的人，兴趣也越广泛；而知识贫乏的人，兴趣也会是贫乏的。

知识是兴趣产生的基础条件，因而要培养某种兴趣，就应有某种知识的积累。如要培养写诗的兴趣，就应先接触一些诗歌作品，体验一下诗歌美的意境，了解一点写诗的基本技能，这样就可能诱发出习作诗歌的兴趣来。

第二，开展有趣的活动，培养直接兴趣

所谓直接兴趣就是人对事物或活动本身的外部特征发生的兴趣，是人生对新鲜的事物或内容在感官上产生的一种新异的刺激。这种刺激反应很强烈但比较短暂。

直接兴趣是对活动本身感兴趣，因而要培养这种直接兴趣，应使活动本身丰富而有趣。例如，有趣的活动能激发起体验角色的兴趣，新颖的教学内容能激起学习知识的兴趣，等等。

第三，明确目的、意义，培养间接兴趣

所谓间接兴趣就是人对活动的结果及其重要意义有了明确认识之后所产生的兴趣。这种兴趣是由于认识到学习的意义和价值而引起了求学的状态，既有理智色彩，又有持久的定向作用，而且不会偶遇挫折便轻易更改。间接兴趣是对活动的结果或意义感兴趣，因而，要培养人们间接的、稳定的兴趣，就应让人们明确活动的目的与意义。

第四，根据自身的兴趣特点，培养优良的兴趣品质

由于所有的人所处的环境、所受的教育及主体条件各不相同，所以人的兴趣都带有个性特点，因而要根据自身条件进行兴趣、爱好的自我培养。例如，有人兴趣广泛而不集中，就应加强对中心兴趣的培养；有人兴趣单一而不广泛，就应加强兴趣广泛性的培养；有人兴趣短暂易变，就应加强兴趣稳定性的培养；有人兴趣消极被动，就应加强兴趣效能性的培养；有人的兴趣在网络世界，容易沉迷，那么就要加强引导，同时又要注意培养其高尚的人格。

总之，兴趣不仅包含好奇，而且还是成功之所在。每个人都会面临大大小小的困难和挫折。如果因为困难和挫折而转移兴趣，那么你会发现你永远也找不到自己的兴趣。相反，如果你能够克服困难，取得进步，那么你就会使兴趣升华。

发挥心理暗示的积极作用

心理暗示也称之为预先灌输，包括积极暗示和消极暗示。积极暗示能够对人的心理、行为、情绪产生一定的积极影响和作用。消极暗示，其作用与良性暗示相反。

心理暗示有这样一个规律：如果你相信了这个暗示，心里面真正接受了它，它就会成为你信念的一部分。很多时候人们愿意去接受某些话，是因为他们心里正好也有这样一句话，只是他们自己没有说出来，或者是还没有意识到，碰巧让别人说了。

心理暗示现象在人的日常生活中非常普遍，通常暗示作用都是发生在不

第五章 培养新的思维方式

知不觉中，并且在不同程度上存在和影响着每个人的生活。我们来看看下面这两个例子。

某大学的心理学课题组选出一组在怀孕时有恶心呕吐等现象的妇女，然后给她们服用药丸，并说："这种药可以帮助你们减轻或者消除你们的妊娠反应。"当然给她们的是由淀粉片制作的药片，也就是说没有任何药用作用的安慰剂。她们服用之后反馈说：感觉好多了。

同时，研究人员也选出另外一组有妊娠反应的妇女，给她们服用的是帮助人们呕吐用的药物。比如小孩吃错了东西，让孩子服用后，可以帮助孩子吐出毒性东西。研究人员在试验前已做了仔细的安全服用量的考虑及审查。研究人员告诉她们："服用这种药会让你们好起来的。"结果发现，这些有妊娠反应的妇女呕吐停止了，感觉也好多了。

心理学课题组的总结是：依靠信念本身以及孕妇对专家的信任，孕妇们治好了自己的妊娠反应。这其实说明了人的头脑的力量有时会大过药物的力量。

皮格马利翁是古希腊神话中的一个年轻国王，他爱好雕塑，而且雕得非常好。一天，皮格马利翁得到了一块洁白无瑕的象牙，就想用它来雕刻一个自己梦寐以求的美少女。因此，从那天起，皮格马利翁就躲在室内不再出门，天天都在认真地雕刻。功夫不负苦心人，最终这块象牙在皮格马利翁的手中变成了一个美丽的少女雕像。这个雕塑非常成功，少女栩栩如生，身材婀娜多姿。从此以后，皮格马利翁对那个雕像爱不释手，天天都用怜爱的目光注视着"她"。皮格马利翁是多么希望"她"有血有肉会说话啊！如果那样，"她"就能和自己说话了。皮格马利翁整日都在极度的渴望中痛苦地煎熬着，因为"她"仅仅是一块象牙而暗自神伤，皮格马利翁觉得自己已经爱上了这个雕塑。最后，皮格马利翁的诚心感动了爱神阿芙洛狄忒，阿芙洛狄忒给了雕塑少女真正的生命，皮格马利翁的梦想终于成真。

"皮格马利翁效应"告诉我们：如果你想做一个聪明人，就必须以一个聪明人的标准来要求自己。很多人之所以是笨蛋，就是因为他一直把自己当成一个笨蛋。这种低能的自我心理暗示，使他们深深地陷入了自卑的泥潭。尽管这是一个神话传说，但在现实生活中，强烈的期待与真挚的爱是能够创造奇迹的。

发挥心理暗示的积极作用，可以运用以下六种基本方法。

第一，录音催眠法

录音机的用途很多，有人用来学英语，有人用来听歌曲，但也有人用在睡眠学习上。录音催眠法的原理是，一个人在熟睡之前或尚未完全清醒之前，潜意识是最活跃的时间，此时将录好的内容，在无意识的催眠状态下进入人的脑海里，使大脑接受暗示。当一个人在此状态下接受暗示后，一旦清醒过来，就会遵照被催眠的暗示去行事。

在催眠的状态下，暗示具有较好的效果。所以，可将这种暗示法，应用在潜能开发上。应用的方法是，将你选好的暗示语录在磁带上，重复录满磁带的一面。睡觉时将录音机打开，每晚放半个小时。使你在录音播放中睡着，这样反复播放数周后，暗示语往往就会生效，你的潜能往往就会得到开发。

比如你近期的任务是开发一种新产品或完成某一科研项目，为做好这项工作，可播放这样的暗示录音："我近期的目标是开发××新产品。这对我很重要，对公司也很重要。我头脑聪明，富有创造性。我能力很强，才华出众，一定能设计出高水平的新产品来。"反复播放数周，可见成效。

如果你希望你的工作顺手，事事顺利，以此来发挥你的能力。可放这样

|第五章| 培养新的思维方式

的录音:"现在我的心情很好,情绪也很稳定,应该好好地休息,明日醒来,精神旺盛。工作中得心应手,事事顺利。"反复播放这一内容,第二天便会有好的心情,工作一帆风顺。

如果你办事拖拉、优柔寡断、缺乏时间概念、懒散等,想去掉这些毛病,你就可以播放这样的录音:"我有说干就干的工作作风,我喜欢当机立断,我惜时如金,我很勤快,我有勤劳的美德。"

你期望自己成为什么样的人,你就怎样暗示自己。记住:今日的暗示,往往就是明日的你。

第二,扩大优点法

有人之所以有自卑感,是看不到自己的优点,光看到自己的缺陷。实际上每个人都有自己的闪光点,如果你看不到,只能说你没有发现。你现在要做的是,不但设法发现它,还得设法扩大它。即使只有微小的优点,一天反复思索几遍,也能使你感觉到优点多于缺点。

年轻的小伙子在追求一个女孩子时,如能反复称赞对方最迷人的地方,这样会使对方渐渐觉得,自己似乎处处都被称赞,结果很容易被打动芳心。即使在本质上是一个微不足道的小优点,只要在量的方面给予反复的刺激,自然会把缺点驱逐到一边去,而使优点在心中逐渐扩大起来。

如果有人认为,"我一向很害羞,性格也很内向,如果说我有优点,那只有温柔一项而已"。好!"温柔"就是你的优点,反复对自己说,"我很温柔,这一点我比别人强",这样就可增强你的自信。

第三,淡化消极因素

所谓淡化消极因素,就是设法缩小消极面。在实际生活中,有许多人被不安和自卑情绪困扰得痛苦不堪,但稍加分析,就会发现他们将极小部分的失败或恐惧扩大化了,扩大到了工作的整体。

比如有的人与上司发生了一次口角,就对工作失去了信心;有的人对上司某一决策有看法，就觉得工作没意思；有的人跟同事闹了别扭，就觉得上班没劲；有的人跟一位客户发生了一次冲突，就觉得这工作没法干等。由于某一方面的不顺心，就影响到整体工作，使自己陷入烦恼的深渊。

实际上，上述情况是对工作的某一部分产生了不满，至于对工作的其余部分，并没有什么意见。可惜，将其扩大化，以偏概全，使自己对整个工作不满，产生了消极心态。

在此种情况下，不妨做一下分析。对工作整体不满意的原因是什么呢？原因是对某一领导不满意。再分析一下，为什么对某一领导不满意呢？原因是该领导对某事处理得不好。再分析一下原因，便可想到，当领导的，不可能样样事情都处理得很好。再说，领导处理问题是站在全局角度看问题的，也许是自己的看法不够全面。这么一想，心情就舒畅多了，怒气也就没有了，消极因素也就消失了。特别是与某一领导发生口角时，有些人往往认为，这次完了，得罪了某一领导，以后不会有什么"好果子吃"。所以对工作失去了信心。对此问题也可采取上述办法解决。

第四，不说消极语言

消极语言是一种消极暗示，这种话说多了，就会产生自卑心理，使人意志消沉，失去自信，一事无成。既然消极语言危害如此之大，为什么人们还要说呢？这与人的心理状态有关。

当生活、工作、学习不顺利的时候，消极话就脱口而出，对自己进行否定，而且进行全面否定。例如有些人常说"反正""毕竟""总之"一类的话："反正我认为不行，毕竟是不行的""总之，我是无能为力了""我毕竟比不上他""总之，注定是要失败的"，等等。这些话都是一些全面否定自己的话，一旦开口，往往会使得本来可以做好的事也做不好了。因为说出"反正""毕竟""没办法"之类的话，就表示自己失去了信心，放弃了努力，或停止了思考的意思。所以，做不好，或不去做，也就理所当然了，也就没

第五章 培养新的思维方式

有必要再努力了。这就是消极语言带来的严重后果。

由此可见，一个人要想树立自信，使自己的事业获得成功，就应避免说消极语言，即使一些消极话浮现在你的脑海里，也要避免应用它。这一点切勿忘记。

第五，赞美他人

赞美他人是一种积极的暗示，而且不仅给他人积极的暗示，同时也给了自己积极的暗示。因为，在赞美他人时，你看到了他人的长处，发现了他人的优点，说明他人的长处、优点也进入了你的心灵，这本身就是一种积极的暗示。同时，你赞美他人时，他人必定高兴，给你一个笑脸，这也是一个积极性暗示。所以赞美他人是一种很好的积极性暗示，如能经常运用，必然收到较好的效果。特别是领导者，如能善加运用这一方法，其效果更大，不但能改进上下级关系，还能调动部下的工作积极性。

例如领导者看到部下时，打个招呼，展露一下笑脸，再讲几句表扬性的话，"最近工作干得不错，你起草的那份文件，我看了，写得很好"。"你那项工作完成得很漂亮，你辛苦了"等。有的领导说，对有些人有时候实在没有可表扬的地方，那么你就说一声"你的衣服真好"也能起到积极暗示的作用。要知道，领导的赞扬，对领导而言，开口而出，并不费事，但对下属来说，其作用就大了。因为你是领导，你的表扬就是对下属工作的肯定。下属受到表扬后，会认为我这样做，能得到领导的赞赏；我这样做，能得到领导的肯定，我这样做，就是做对了，下次还要这样做。你看，下属就会自动地按照领导表扬的那样去做了。所以，你希望下属怎么做，你就怎样表扬下属，你怎么表扬，下属就怎么做。这比领导下命令，提要求，强迫下属按照领导的意图去做强得多——这就是领导艺术。此外，领导对下属的表扬，也是对下属能力的肯定。下属会认为，"我行，我的能力还可以，我有能力做好本职工作。"从此提高了自信心，增强了对工作的兴趣与自信感，工作越干越好，越干劲越足。

所以，国外专家对领导者建议，当领导的，每天表扬五个人。五个人是谁呢？可以是你的部下，可以是你的同事，也可以是你的家人。表扬你的部下，能改进你的上下级关系，调动部下的工作积极性，开发部下的潜能；表扬同事，可增进同事之间的友谊，使你与同事之间的人际关系更加和谐；表扬你的家人，可增进家庭的和睦；表扬你的孩子，可开发孩子的潜能。此种方法非常有效，你不妨一试。

第六，转移暗示法

积极的暗示产生积极的心态，消极的暗示产生消极的心态。对于自己而言，可避免运用消极的暗示，对于他人，可就难以避免了。你不说，人家说，照样对你进行消极的暗示，怎么办呢？遇到这种情况，就得运用转移暗示法，将别人对自己的消极暗示转化为积极暗示。

有一天在某路公共汽车上就发生了这样的事。一位老先生踩了一位年轻姑娘的脚，这位姑娘开口就骂人："你个老不死的！"可是这位老先生没有生气，反而笑呵呵地说："谢谢！谢谢！"老先生这一举动，把周围的人都闹糊涂了，这是怎么回事，人家骂他"老不死的"，他不但不生气，反而乐着说谢谢，这老先生的神经的肯定有问题。此时，就有一人问老先生："人家骂你，你还谢人家，这是为何呢？"老先生说："她没有骂我，她给我祝福呢，她说，第一我老了，第二我不会死，这不是给我祝福吗，我不应该感谢她吗？"听到此话，周围的人都乐了，那位姑娘红着脸低下了头。这就是转移暗示，将不利于自己的话，转移为有利于自己的话。

在日常生活中，经常会遇到类似的情况，年轻人血气方刚，容易急躁，所以学会转移暗示就显得尤其重要了。

第五章 培养新的思维方式

非智力因素的作用及培养

非智力因素包括动机、兴趣、意志、情感等,其中兴趣是重要因素。我们知道,各种非智力因素在人们的学习、工作、生活中起着十分重要的作用。下面我们就动机、情感、意志、性格这四个方面,分析一下各种非智力因素的作用以及培养方法。

第一,动机的作用及培养

动机是在需要的刺激下直接推动人进行活动以达到一定目的的内部动力。动机使人的活动具有选择性,动机越强烈,行动的目的性越明确,前进的动力就越大。

动机在智力活动中的作用是相当大的:动机是唤起各种智力活动的原动力,它具有引起求知行为的始动功能;动机对智力活动可发挥明显的推动作用,有效地进行长期而有意义的智力活动或从事某些有一定困难的学习,动机间接地增强与促进作用是必不可少的;动机可使智力活动只关注与之相关的刺激或诱因,而不计其余,同时还具有维持求知行为或智力活动达到目标的定向作用,使活动者对自己的活动加以组织和强化,以便使智力活动顺利进行;动机还可以根据情况的变化,适时地改变和调整求知行为和智力活动,以达到预期的目的;动机在智力活动中并不是越强越好,过强或过弱的动机都不利于智力活动的展开,只有在中等强度的动机水平下效果最好。

关于激发动机的途径，心理学家认为，以下几个方面对激发动机具有积极意义：

一是变外加动机为内在动机。

二是树立正确的、远大的理想。

三是提高成就动机水平。

四是丰富知识，及时反馈。

五是正确对待挫折与失败。

第二，情感的作用以及调控

情感是人对事物所持态度的体验。情感是一种对智力活动起显著影响的非智力因素。

情感对人的智力活动的影响主要表现为：首先，情感在智力活动中起动机作用，即情感能激励人的求知行为，改变行为的效率；其次，情感在智力活动中起组织作用，即情感是智力活动的组织者，对人的感知、注意、记忆、思维和想象及智力因素具有调节、组织作用。高尚的情感是人们从事工作、学习和劳动的巨大的动力，良好的、积极的情感体验，在整个人类获得知识和发展的个性品质上，都具有重要意义。

关于情感调控的途径，心理学家认为应该从如下方面着手。

一是需要是个体和社会生活必需的各项事物在人脑中的反映，是情绪、情感产生的基础，那些能满足人需要的事物，会引起肯定的情感体验。相反，那些不能满足人的需要或与人的需要相抵触、相矛盾的事物，则会引起否定的情绪情感。

二是人们在认识外界的各种对象和事物时，会对刺激情境做出种种判断和评估，确定什么事物符合自身需要，什么事物不符合自身需要。情感是一种态度体验，因此端正态度对智力活动而言有很大作用。

第五章 培养新的思维方式

三是焦虑是对预计到的对自尊心有潜在威胁的反应倾向（担忧）。因此要注重调整，一方面要提高挫折容忍力，另一方面是培养高度的理智感。

四是挫折指个人在要达到某种目标的活动中由于受到妨碍或干扰，致使目标不能实现时所产生的情绪体验。因此，不要把目标定得过高，对于不切实际的期望要有客观的分析，善于认识自我，对自己的状态及能力心中要有数。

五是理智感是人根据某种认识或追求真理的需要而对一定事物所产生的情感体验。情感是一种态度体验，因此端正态度对智力活动而言有很大作用。

第三，意志的作用及培养

意志是人们为了实现预定的目的而自觉调节自己的行动，克服困难，以实现目的的心理过程。

意志所起的作用主要有两个，一个作用是对外部行动的调节作用，另一个作用是可以调节人的心理状态，它不仅可以调节注意、思维等认识过程，还可以调节人的情绪状态。意志通过对心理状态的调节对行为施加其影响，它在学习和智力活动中的作用非常大。

在学习方面，首先，是使认识具有目的性，使认识更加广泛而深入；其次，完成对学习和认识活动的主动调节作用，不断排除智力活动中的各种困难和干扰，不断地调节、支配自己的行动向既定的目标前进。

在智力活动中，意志的具体作用可概括如下：通过人的意志可以使人们开始一项认识活动，确定认识的目的，选择活动的方式，然后付诸行动。当一个人认识到活动的结果之价值、意义后，会调动自己的积极性去加快活动的速度，提高前进的动力；当个体通过分析发现自己的活动目标有误，行动的方式不对时，便会终止这项活动，及时对目标和方式进行修正；个体根据条件的变化，发现原来的活动目标或行动方式已经过时，不符合需要时，做出及时的改变；当个体认识到智力活动的速度过快、幅度过大时，会根据各项条件，适当地减速，以保证智力活动的稳步展开，这是积极的减速，而有的人由于意志品质薄弱，在困难面前低头而被迫减速，则为消极减速。

关于意志磨炼的途径，心理学家认为应该从如下方面着手：

一是明确学习目的。

二是与困难作斗争。

三是针对自己的意志品质，采取不同的锻炼措施。

四是加强自我控制的能力。

第四，性格的作用以及培养

性格是一个人对现实的稳定的态度以及与之相适应的习惯化行为方式的心理特征的总和。性格的心理结构十分复杂，包含着多个侧面，许多特征。性格的特征概括起来有四种。

一是性格的态度特征。这又包括三个方面，一方面是对社会、集体、他人的态度特征。对智力活动影响较大的态度特征有正直还是奸诈，诚实还是虚伪，富有同情心还是冷酷无情，谨慎还是傲慢。第二方面是对工作、学习的态度特征，包括勤奋还是懒惰，认真还是马虎，细致还是粗心，创新还是墨守成规。第三方面是自己的态度特征，包括谦虚还是骄傲，自尊还是自卑，严于律己还是放任自流等。

二是性格的意志特征。表现为四个方面，第一方面是行动目的明确程度的特征，主要包括自觉性还是盲目性，独立性还是顺从性，纪律性还是散漫性等。第二方面是对行动的自觉控制水平的意志特征，主要包括主动性还是被动性，自制性还是冲动性。第三方面是在紧急或困难情况下表现出来的意志特征，主要包括果断还是优柔寡断，勇敢还是怯懦，沉着、镇静还是惊慌失措等。第四方面是在长期工作中表现出来的意志特征，主要包括严谨还是粗枝大叶，坚持还是顽固，有恒心还是半途而废。

第五章 培养新的思维方式

三是性格的情绪特征。它也有四个方面，第一是强度方面的特征，主要包括情绪体验微弱易受意志支配还是情绪体验强烈难以用意志控制。第二是稳定性方面的特征，主要表现在无论成功还是失败，情绪都比较稳定还是被成功冲昏了头脑，或因失败而垂头丧气。第三是持久性方面的特征，主要体现在情绪体验持久还是稍纵即逝。第四是主导心境方面的特征，主要体现在经常是精神饱满、愉快、平静还是情绪经常抑郁、消沉、压抑。

四是性格的理智特征。它也分为四个方面，第一是感知方面的特征，主要包括被动感知型还是主动感知型，快速型还是精确型，详细分析型还是概括型。第二是记忆方面的特征，主要表现为主动记忆型还是被动记忆型，直观形象记忆型还是逻辑思维记忆型，快速型还是缓慢型。第三是想象方面的特征，主要表现为主动想象型还是被动想象型，想象广阔型还是想象狭窄型，大胆想象型还是想象受阻型。第四是思维方面的特征，主要表现为独立型还是依赖型，分析型还是综合型。性格在智力活动中的作用是相当大的，性格特征制约着一个人智力的发展水平，也直接影响着一个人的成就水平。

关于性格塑造的途径，心理学家认为：

一是树立榜样。榜样可以是理想化的，如历史上的伟人、科学巨匠，以他们为榜样，了解他们的品质、成就，可以为自己性格的塑造提供一个崇高的模式。

二是任何类型的性格都有好坏之分，每个人应针对自己的性格类型，扬长避短，如性格开朗、活泼、不拘小节者，生活、学习中就应防止高傲、言行偏激或处事草率的情况发生；性格谨慎、软弱者，就应注意不要过于胆小怕事、孤僻自卑，墨守成规或缺乏感情色彩；生性散漫、优柔或任性固执的，则要严加防范，尽力纠正。

三是加强自我调节。个体对事物认知和理解的程度，个体的世界观、需要、动机和态度对性格的形成，其作用是无法估量的。

总之，通过对非智力因素的培养，不仅可以促进智力因素的充分发展，提高智力水平，也可以提高人的综合素质。

第六章 采取健康的生活方式

健康的生活方式对人们大有裨益。如何调整膳食结构、做到营养均衡,怎样规避不良嗜好,这是保障身体健康的前提。本章主要从身体健康的角度出发,来讨论如何采取健康的生活方式,内容包括合理饮食和规避不良嗜好两个方面。

适量地摄入优质蛋白质

目前，我们的饮食总体上还是不错的，但是，优质蛋白质的摄入量略嫌不足。人体中的主要组织结构是由蛋白质构成的，人体内有40万至60万亿个细胞，这些细胞不断代谢，而细胞是由蛋白质构成的，所以我们需要不断补充蛋白质。没有蛋白质，整个人基本上就无法架构起来。但人体中的蛋白质与吃进去的蛋白质还是不一样的，吃进去的蛋白质只是转化为人体蛋白质的原料。

蛋白质是由氨基酸构成的，构成人体的有二十几种氨基酸，其中一些人体自己能制造，有八种人体不能合成，只能直接从外面吸收，所以需要不断从饮食中补充。

第一，蛋白质的来源

蛋白质根据来源不同分为动物性蛋白质与植物性蛋白质。包含在肉类里的蛋白质就是动物性蛋白质，但很多肉类只要一炸一煎就被氧化了，蛋白质也就随之变性，成了劣质的蛋白质。

肉类中含有最佳蛋白质的是鱼肉、禽肉，再次是牛肉、羊肉和猪肉。白肉与红肉的差别在于油脂的比例。白肉脂肪含量低，红肉脂肪含量高。有人说白肉比较健康，就是这个道理。

至于植物性蛋白质，则首推豆类的含量最高。例如，干燥的黄豆含有约

36%的蛋白质，另外约20%是脂肪，还有约30%的碳水化合物和约5%矿物质。

每一种蛋白质食物中含有各种氨基酸的比例都不相同，其中比例最完整的是鸡蛋、鸭蛋和肉类，所以动物性蛋白质又称为"完整蛋白质"。植物性的蛋白质会有比例不完整的情形，因此称之为"不完整蛋白质"。例如，谷类（包括糙米与全麦）、坚果和种子等，缺乏赖氨酸，而蔬菜和豆类，缺乏蛋氨酸，所以，长期吃素的人，谷类与豆类要一起吃，氨基酸的比例就会形成互补，使蛋白质的吸收更完全。

第二，摄取蛋白质应遵循均衡的原则

虽然蛋白质是每餐必不可少的重要营养成分，但也不能无止境地摄取。人体缺乏蛋白质的时候，会导致全身浮肿、肌肉重量减轻、免疫力下降等情况。但是吃太多，也会导致电解质与矿物质的流失，形成心律不齐或骨质疏松，更会增加肝脏与肾脏的负担。因此应该把握"均衡"这一原则。

吃太多的蛋白质，往往也表示吃下太多的肉。如果是高温烧烤，就容易使动物性脂肪与胆固醇氧化，导致坏胆固醇含量升高，形成心脏病或血栓。另外，高蛋白质饮食也易产生高嘌呤，造成痛风。还有，蛋白质的代谢因为需要很多维生素B_6和B族维生素参与，所以蛋白质吃太多也容易导致维生素B_6的缺乏。B族维生素存在于在很多蔬菜里面，所以吃很多肉的时候，记得也要吃很多蔬菜，使蛋白质代谢正常。

蛋白质吃得太多也会造成体内酸度太高。体内的正常酸碱度应维持在pH7.35至7.45之间，不能太酸也不能太偏碱性，太酸会造成很多慢性病的产生，最常见的就是钙、镁、锌等矿物质的流失。因为身体为了中和过多的酸性物质，必须释放出一些碱性矿物质，最常被使用的就是来自骨头中的钙和镁，这就是嗜吃肉者骨质容易疏松的主要原因。

第三，正确的蛋白质摄取量

国际推荐的成人摄入蛋白质含量，每日每千克体重0.75克。这是正常人的平均值，但是依每人的体能状况与特别生理需求又有所差异。例如，怀孕妇女和运动员的摄取量就必须提高许多。至于儿童与青少年因正值成长发育阶段，也需补充大量的蛋白质。另外，中老年人由于活动量少与代谢率低，蛋白质的摄取可适当降低。肾脏有问题的人则要限制蛋白质的摄取。

总之，每个人的体质不同、身体代谢养分的倾向不同，所需蛋白质的含量多寡也迥然不同，必须通过检测方式，了解自己的代谢形态，再着手调整饮食内容。

新鲜蔬果餐餐要

"多吃青菜才会快快长大""多吃青菜对身体有益"……这些话想必大家都很熟悉，是为人父母者叮咛儿女的口头禅。

理想的饮食需要新鲜的蔬菜与水果。因此，我们不仅要了解新鲜蔬果的作用，更要掌握它们的吃法。

第一，新鲜蔬果中含有大量的纤维

纤维素是胃肠道蠕动的重要刺激物，也是形成粪便的重要物质。纤维素分为可溶性与不可溶性，可溶性纤维素会抓住体内过多的油脂与毒素，形成粪便后排出体外。而不可溶性纤维素更会刺激肠胃蠕动，促进排便。

如果蔬果吃得少，几天没大便是很常见的事。要改善便秘的问题其实很简单，只要吃大量的新鲜蔬果或补充膳食纤维、喝足够的水、身心放轻松，就会有好的效果。只有少数人属于中医所说的"心气虚"，需要通过天然药物或增加运动量,促进肠道蠕动。

第二,新鲜蔬果中的酶对身体有益

新鲜蔬果中含有大量酶,如蛋白质分解酶和淀粉分解酶等。酶会帮助人体分解食物,甚至空腹时吃,还会到血液里去分解一些黏稠物质,像木瓜酶和菠萝酶都具有这种功能。

爱吃肉的人,血液里会产生黏稠物质,无法代谢掉,使血流速度变慢,红血球粘黏,形成慢性缺氧与酸性体质,体力与精神会变差,容易疲倦,间接影响工作或学习效率。很多人只要靠多吃新鲜蔬菜水果或补充酶即可改善。

第三,新鲜蔬果中含有很多的营养素

新鲜蔬果中的营养素包括淀粉、蛋白质与脂肪以及各种矿物质、维生素和抗氧化剂等。最重要的是还有很多植物营养素,包括生物类黄酮、大豆异黄酮、皂素和植物固醇等。每一种营养素都有其独特的特色与功能。

第四,凉菜最好焯一焯再吃

一到夏季,面对新鲜脆嫩的蔬果,许多人会选择生吃,因为生吃有利于营养成分的吸收,而且爽口开胃。但要注意,生吃蔬菜时,虽然不用煮,但最好还是放到开水里焯一焯,彻底去除尘土和小虫,这种做法对于含草酸较多的菠菜、竹笋、茭白等更有必要。因为草酸在肠道内会与钙结合成难吸收的草酸钙,干扰人体对钙的吸收。此外,莴苣、荸荠等生吃之前也最好先削皮、洗净,用开水烫一下再吃,这样更卫生,也不会影响口感和营养含量。

第五,生吃蔬果如何才更干净

蔬果人人都要吃,到了夏天,有的人还天天都想生着吃,到底怎样洗才科学呢?有人喜欢先将菜切成段后再洗,以为这样更容易将菜洗干净,这其实是误解。因为蔬菜切碎后与水的直接接触面积增大,菜中的水溶性维生素会大量流失,另外,菜切碎还会增大其被细菌污染的机会。以下推荐几种比较合理的清洗和处理方法,喜欢生吃蔬果的朋友可以试试。

一是盐水或淘米水浸泡法。一般在500毫升清水中加入5~10克食盐,根据蔬果的多少配足盐水,浸泡5~15分钟后用清水冲洗,重复洗涤三次左右。或在每餐淘米时留下余水,用来浸泡蔬果,在一定程度上也能祛除其表面的残留物质。

二是储存法。有条件时,将购回的橄榄、甜瓜、青椒、菠菜和卷心菜等适合储存保管的蔬果存放几天,让残留的有害物质逐渐分解减弱,食用前再清洗处理对身体更有益。

总之,新鲜的蔬菜和水果,对人体非常有益,如果能掌握正确的吃法对身体更有益。

尽量选用有机食物

有机食物是零污染的食物,即是不经过化肥、农药、除草剂等污染的食物,而且肥料必须用自然堆肥,任何有害于土壤的添加物,都不可以使用。其特点是使用有机肥料,使用有机农药,取得有机认证。

有机食物是以生命养生命的一种绿色循环。它完全不含有没有生命存在的化学成分。它是以微生物培植或自然转换成的天然的养分来孕育各种可食用的植物。对人类健康不存在任何的威胁。这包括:蔬菜、水果、禽蛋、各种肉类等,不胜枚举。总之,它是天然的、无害的、对人身体有益的健康食品。

有机食物的健康概念,已开始进入人们的生活之中,并得到了发展迅

第六章 采取健康的生活方式

速。目前,经认证的有机食物主要包括一般的有机农作物产品(例如粮食、水果、蔬菜等)、有机茶产品、有机食用菌产品、有机畜禽产品、有机水产品、有机蜂产品、采集的野生产品以及用上述产品为原料的加工产品。国内市场销售的有机食品主要是蔬菜、大米、茶叶、蜂蜜等。

第一,有机食物是物超所值

有机食品目前在市面上的售价为传统食品的2~3倍,乍看之下,好像比较贵,但是如果进一步了解,你会发现有机食物并不贵。为什么呢?

一是有机农作物不用化学肥料或生长激素,生长速度较慢,产量较少。

二是有机农作物不用除草剂,需要人工除草。

三是不用杀虫剂,所以有部分作物会被虫子吃掉,减少收成。有些蔬菜使用温室栽培,前置性的投资较多。利用生物防治方法养益虫也会有些开销。

四是有机作物尚未大量普及,所以成本较高。如果购买的人多,种植规模较大,运送成本也较低,产销渠道较完整,价钱就会越来越便宜,如果购买的人越少,价钱就会越贵,这是一定的道理。

五是有机蔬菜和水果长得比较娇小,但是营养密度却比块头一样大的一般蔬果高出很多,所以,如果就营养密度而言,有机食物算起来反而比较便宜。

六是有机食物除了营养成分较高,口感也比较好,清脆多汁、味道十分香甜,没有因为添加化肥农药所产生的苦味、化学味、淡味与怪味,所以喜欢美食或注重口感的人,会很喜欢吃有机无毒的蔬果。

七是不会吃到危害身体的化肥、农药与人工激素,所以身体会比较健康,减少日后看病吃药的开销。上班、工作也比较有体力,增加产值,收入自然提高。综合一切长远的开销来看,其实比较便宜。

八是有抽烟、喝酒习惯的人,如果常吃有机蔬果,会促进肝脏排毒,身体会比较清爽,使人自然而然地不喜欢烟酒的气味。仔细算算,如果把买烟、买酒的钱拿来买有机蔬果,那真是绰绰有余,既省了很多钱,身体又很健康。

所以，有机食物是否比较贵，那是见仁见智的问题。事实上，有机食物是物超所值。

第二，有机食品的来源及食用方法

国内现在很多地方都买得到有机商品，例如，有机食品专卖店和大型的超市等。有机食品已渐渐被民众接受，希望有机店面越开越多，形成风气，让更多人受惠。如果还是买不到或者嫌价格太贵，当然也有以下折中的办法：

一是自己种。除了可以吃到最完整健康的蔬菜之外，还可以借机运动，培养与大自然花、草、植物亲近的关系，人的自律神经会比较平衡，心情会比较愉悦。

二是削皮食用。除了苹果和梨这类本来就有皮可削的水果一定要削皮之外，严格一点的，连水蜜桃这类水果也要削，因为农药最容易残留的部位就是果皮。但要记得削下来的果皮不要拿去做堆肥，免得让农药又再度回到土壤之中。

三是多吃根茎类蔬果。胡萝卜、马铃薯、地瓜和芋头，这些东西长在地下，通常不会喷洒农药，但是使用化肥仍是很普遍。

四是多吃当地当季盛产的蔬果。

五是第一泡茶先倒掉不喝，因为茶叶上如果有农药，第一泡可以把它溶解出来。

六是用刷子仔细刷洗蔬果的表皮与细缝。

| 第六章 | 采取健康的生活方式

第三，如何辨识有机商品

你可以在超市或有机商店，甚至菜市场里买到很多号称"有机"的农产品，但是仿冒品也很多，消费者必须有辨别真伪的能力。

一是在超市卖的农产品，不管是不是有机，有没有被有机认证，但在产品外包装上，通常都清楚标明了生产地址与电话，生产有机商品的农民通常会欢迎消费者参观他的农场，所以消费者可以打电话去查询，看能否参观农场。这是比较谨慎的做法，和农夫多聊聊，进一步了解他的想法和理念，你也会对吃下去的食物比较放心。

二是从外表来观察。有机蔬果通常长得比较娇小，也比较扎实，像有机油菜的茎、梗部位就没那么肥大，而是较小较扎实，颜色也比较绿，吃起来比较清脆。整棵菜摸起来感觉密度比较高，有时会有虫孔，当然有些是温室栽培也不一定有虫孔。有机的水果通常也长得比较小，外表没那么漂亮，有时会粗糙，但口感的部分就非常明显，一咬下去就有一股天然的香甜味。这是一种很笼统的辨识法，通常需要买一阵子的菜，做一对一的比照，例如，将一把化肥油菜，一把有机油菜，煮来吃吃看；或是咬一口普通苹果，一口有机苹果，反复感觉，久而久之才会有心得，偶尔也会出错，必须搭配其他方式才比较可靠。

三是读商标。消费者对于商标一定要仔细阅读，每个字都要了解它的意思，因为商标上很容易有障眼法。

四是吃当季、当令的蔬果。因为当令的蔬果产量一定最多、价格也最便宜，通常农夫也不会再多花钱喷洒农药。而且植物里本来就含有天然的杀虫剂，自然会分泌一些味道或成分，以排除虫子的侵袭。所以，当季、当地的蔬果长得最好，它所含有的天然杀虫剂浓度也最高，虫子也不敢靠近。

第四，多吃完整食物，少吃加工食物

什么是"完整食物"呢？凡是未经加工或精制，尚保持食物完整面貌者，就可称之为完整食物。所以当我说完整食物时，我并不是指有机食品或生机饮食，而是能吃到最完整营养的食物。完整食物由于未经加工，还保有许多营养成分，因此保存期限较短，容易腐坏或变质，所以通常多在传统市场出售或超市的冰柜里才找得到。例如，新鲜蔬果、新鲜肉品和新鲜水产等。

相对于完整食物，凡是经过各种方式加工而成的食物就是加工食物。例如，洋芋片、猪肉干、零食豆干、水果罐头、罐头肉品、肉松、香肠、精制油、氢化棕榈油、腌制食品、不需冷藏的果汁汽水、铝箔包饮料、面包、饼干、泡面、糖果、蜜饯和口香糖等。有些加工食品也需要冷藏，也会在冰柜里找到，例如，鱼丸、素鸡、冷冻馒头、冷冻包子、冷冻水饺和微波盒饭等。

总之，我们选用有机食品，是因为它比普通食品更安全和更有营养，因此也更有利于我们的健康。

吸烟百害而无一利

吸烟有害健康。烟雾中的有害物质有数千种，已确定的致癌物质便达四十多种。吸烟者与不吸烟者相比，患肺癌的危险性高8~12倍，患咽喉癌的危险高8倍，患食管癌的危险高6倍，患膀胱癌的危险高4倍。这说明抽烟不仅仅能引起肺癌，还损害支气管黏膜，引发慢性支气管炎、肺气肿，长期吸烟的人个个都有老年慢性支气管炎。另外，吸烟更加危害被动吸烟者的健康。家中一人吸烟，其他人被动吸烟，被动吸烟的人比普通人患癌的危险增

第六章 采取健康的生活方式

加1倍。

吸烟既然有这么多的危害，那么怎样才能有效地戒烟呢？

第一，戒烟从现在开始

一是扔掉吸烟用具，诸如打火机、香烟等，减少你的"条件反射"。

二是坚决拒绝香烟的引诱，经常提醒自己，再吸一支烟足以令戒烟的计划前功尽弃。避免参与往常习惯吸烟的活动。

三是餐后喝水、吃水果或散步，摆脱饭后一支烟的想法。有人说：在戒烟初期多喝一些果汁可以帮助戒除尼古丁的瘾。

四是烟瘾来时，要立即做深呼吸，或咀嚼无糖分的口香糖，避免用零食代替香烟，否则会引起血糖升高，身体过胖。

五是告诉别人你已经戒烟，不要给你烟卷，也不要在你面前吸烟。

六是写下你认为的戒烟理由，如为了自己的健康，为家人着想，为省钱等，将写好的戒烟理由随身携带，当你烟瘾犯了时可以拿出来告诫自己。

七是制订一个戒烟计划，每天减少自己吸烟的数量。

八是安排一些体育活动，如游泳、跑步、钓鱼等。一方面可以缓解精神紧张和压力，另一方面可以避免花较多的心思在吸烟上。

九是当你有想吸烟的冲动时，可以用喝水来控制，建议可有针对性地选择一些保健茶饮用，会对戒烟起到好的作用。

十是当你真的觉得戒烟很困难时，可以找专业医生咨询一下，寻求医生的帮助，取得家人和朋友的支持对于成功戒烟也至关重要。

第二，戒烟最难熬的前五天之七项戒烟方法

一是两餐之间适量喝水，促使尼古丁排出体外。

二是每天洗温水浴，忍不住烟瘾时可立即淋浴。

三是在戒烟的五天当中要充分休息，生活要有规律。

四是饭后到户外散步，做深呼吸15~30分钟。

五是不可喝刺激性饮料，改喝牛奶、新鲜果汁和谷类饮料。

六是要尽量避免吃家禽类食物、油炸食物、糖果和甜点。

七是可吃多种B族维生素，能安定神经除掉尼古丁。

第三，过了最初五天可按照以下方法保持戒烟战果

一是饭后刷牙或漱口，穿干净没烟味的衣服。

二是用钢笔或铅笔取代手持香烟的习惯动作。

三是将大部分时间花在图书馆或其他不准抽烟的地方。

四是避免到酒吧和参加宴会，避免与烟瘾很重的人在一起。

五是将不抽烟省下的钱给自己买一份礼物。

六是准备在两三周戒除想抽烟的习惯。

总之，在平时生活中，我们一定要注意自己的生活习惯，不要因为吸烟这样的不良习惯而导致疾病的发生。

沉迷网络导致各种病征

也许你很心疼自己，闲暇时只会选择"宅"在家中，上网聊天、网络购物、打网游、手机阅读，以为这就是最好的休息方式。但是当运动量不足时，人体免疫力就会下降，过度疲劳的临界点会降低，各种疾病就在不经意间乘虚而入了。

第一，用手指过度，手指疼痛

玩电脑，在用手指体验触控快感的同时，长时间、快速、频繁地用手指

第六章 采取健康的生活方式

在屏幕上做点、画、拨等动作，易引起手指、腕部的肌肉和关节过度疲劳而受损，自然会感觉发麻、胀痛，最终导致手指疼痛，引发手指关节方面的炎症。

第二，持续地接受刺激，眼睛受累

一项研究发现，人们通过手机阅读信息或上网时，眼睛会比手里拿着一本书或一张报纸离得更近，这意味着，眼睛聚焦于手机图文更费劲，更容易导致眼睛疲劳。眼睛盯着屏幕时，屏幕亮度高且不断变换的光影会对眼睛造成持续的刺激，导致眼睛疲劳，甚至出现刺痛、流泪、畏光等症状，原本近视的人可能受到的影响更为严重。

第三，打乱人体的生物节律，导致失眠

最新的研究发现，晚间使用电脑、手机和其他有亮光的电子阅读器，都会让大脑认为还是白天。平时11点能入睡，因为玩手机可能12点还未入睡，而真正入睡的时间有可能推迟到凌晨1点。这就打乱了人体的生物节律，导致失眠的问题出现。

第四，连续辐射，伤及身体

很多人喜欢把手机带上床发微博、玩游戏，玩累了才睡觉，手机随手放在枕边，这是很不安全的做法。事实上，手机在待机状况下也是有辐射的，而睡眠状态下人的防护程度也是最弱的。因此，手机最好不要放在枕边。

第六，便秘、痔疮，常年相伴

久坐不动的人，身体缺乏运动，肠道肌肉就变得松弛，蠕动功能减弱，粪便下行迟缓，比较容易便秘。

长期便秘会引起痔疮，而久坐不动也是患痔疮的一个独立因素。久坐使血液循环减慢，身体内静脉回流受阻，直肠肛管静脉容易出现扩张。血液淤积后，局部静脉曲张，就可能患痔疮。

第七，形成血栓，引发梗死

对心脏来说，久坐不动血液循环减缓，人体对心脏工作量的需求随之减少，血液循环减慢，日久则会使心脏机能衰退，引起心肌萎缩，易患动脉硬化、高血压、冠心病等心血管疾病。

久坐不动，血液循环减缓，会导致大脑供血不足，伤神损脑，产生精神压抑，表现为体倦无神，精神萎靡，哈欠连天。若突然站起，还会出现头晕眼花等症状。

长时间玩游戏、上网、看书等，人久坐不动，血黏度升高，血流缓慢，容易形成血栓，血栓从深静脉的管壁上脱落会随着血流运行全身，如果这块松脱的血凝块或栓子比较大，它可能会嵌入肺中的一根动脉，引起肺栓塞。如果血栓停留在心脏血管内就会心梗，进入脑部就可能脑梗。

第八，肩、颈、腰痛，肌肉酸胀

长时间坐着不动，感觉上似乎挺舒服，但对健康而言，却未必是好事。久坐不动，病自叩门。久坐不动者肌肉活动减少，血液流量减少，肌肉供氧量不足，致使肌肉松弛、衰弱甚至萎缩。久坐不动者的关节滑液显著减少而变得干燥，继而容易引发骨与关节疾病。

长期低头伏案工作者，由于颈椎长时间处于屈曲位，而颈部肌肉也处于紧张状态，颈后部肌肉和韧带最易受牵拉劳损，最终发生颈椎病。

总之，过度沉迷于网络使人身体受损，也面临着很大的精神困扰，甚至可能导致精神方面疾病。因此，一定要在各方面做好自我调节，必要时应该咨询专业人士，使身心活动归于正常。

第六章 采取健康的生活方式

想健康就必须要运动

生命在于运动，因为运动有益于健康。如何进行运动，其中大有学问。在我们的生活方式中，因缺少运动或不运动带来的健康问题颇值得关注，因为健康问题已经影响到我们的幸福指数。尤其是在大都市，生活节奏紧张，竞争激烈，人们整天忙于工作、学习、人际交往、家庭事务之中，并且交通工具发达，高楼林立，出门有汽车、地铁、轻轨，上楼有电梯，以交通工具代替走路，以电梯代替爬楼梯的现象已很普遍，很多人就忽略了运动对保持和促进健康的重要性。

由于缺少运动所导致的非健康因素、亚健康状态、各种疾病日益显现出来。为此，增加运动量对健康是非常必要的。千万不要忘记进行科学适宜的运动，它可以使我们生活得健康、幸福，并且远离疾病。

以下简要列举运动之要义，可以让你一看便知。

第一，运动的作用

一是运动使你精力充沛，从容不迫地应付日常生活和工作。

二是运动使你处事乐观，态度积极，乐于承担任务而不挑剔。

三是运动促进睡眠，利于休息。

四是运动使你应变能力强，能适应环境的各种变化。

五是运动提高你的免疫力，对疾病具有一定的抵抗力。

六是运动使你的体重适当，体形匀称，身体各部比例协调。

七是运动使你反应敏锐。

八是运动使你的四肢灵活，无疼痛。

九是运动使你的头发光泽，无头屑。

十是运动使你的肌肉、皮肤富有弹性，走路轻松。

……

第二，助你更健康运动的运动项目

一是有氧运动，包括步行、游泳、骑自行车、慢跑、跳舞、爬楼梯、打乒乓球等。

二是力量锻炼，包括俯卧撑、器械练习等。

三是伸展运动，包括练习关节、韧带的柔韧性的练习，如瑜伽、体操等。

四是能量锻炼，包括中强度的有氧运动，每次坚持半小时。

第三，科学地选择运动量

一是以锻炼身体为目的的跑步，时间一般不少于5分钟，否则对心肺功能的提高没有好处。

二是以减肥健美为目的的跑步，时间一般不应少于20分钟，速度要慢一点，保持均匀呼吸。

第四，最佳的运动时间

一是从医学、保健学的角度看，清晨并不是锻炼身体的最佳时间。

二是一天中运动的最佳时间是傍晚。

三是运动的关键是能形成习惯，能持之以恒坚持下去。

第五，有氧运动好处多

最佳的运动方式是有氧运动。步行、慢跑、爬山、跳交谊舞、骑自行车、长距离游泳、打太极拳、练武术、扭秧歌等。其中，最好的有氧运动是步行。

第六章 采取健康的生活方式

一是有氧运动对心肺及血管有保健作用。

二是有氧运动可强壮肌肉、塑造形体。

三是有氧运动对骨骼有保健作用。

四是有氧运动可改善脑和神经系统功能。

五是有氧运动有助于体内毒素的排出。

六是有氧运动可调节人的心理状态。

有氧运动对环境有哪些要求：

一是强调人与自然和谐统一，选择公园、树林里、湖边、江边、海边为宜。

二是空气中的负离子对有氧锻炼很有帮助，负离子可以改善呼吸系统功能，加强血液循环和神经系统功能，还能加速新陈代谢，提高人体抵抗力。

三是人群环境也是非常重要的，如在结队或一定数量的人群中锻炼身体精神会非常愉快。

有氧运动的时间及运动量的选择：

一是下午4时至7时为佳。

二是每周进行五次或五次以上更好些，每次坚持20~40分钟或1小时。

四季有氧运动的注意事项：

一是春季有氧健身，注意防寒保暖，保护皮肤及眼、耳。

二是夏季有氧健身，要注意防暑，不适合做比较剧烈的运动，运动持续时间不宜过长。

三是秋季有氧健身，要注意防止干燥。

四是冬季有氧健身，要注意做好防感冒措施，要合理安排运动量。

五是冬、夏锻炼的七戒六忌。冬季健身七戒即一戒过分剧烈运动，二戒急于求成，三戒坏天气参加运动，四戒不做准备活动，五戒负重锻炼，六戒憋气过久，七戒过分激动；夏季锻炼六忌即一忌在烈日下锻炼，二忌锻炼时间过长，三忌锻炼后大量饮水，四忌锻炼后立即洗冷水浴，五忌锻炼后大量吃冷饮，六忌锻炼后以体温烘衣。

总之，想要保持健康就需要多运动。平时，也要保持一个良好的心态，合理科学地安排饮食，多参加一些户外活动。

如何保证睡眠质量

足够的睡眠是健康长寿的保证，但人的睡眠时间多长才算足够，很难机械地规定。每人每天生理睡眠时间根据年龄、性别、体质、性格、环境因素等的不同而不同。

一般而言，年龄越小的人，睡眠时间越长，次数也越多。睡眠时间与年龄有密切的关系，是由于人生长发育的规律决定的。婴幼儿无论是大脑还是身体都未发育成熟，青少年的身体还在继续发育，因此需要较多睡眠时间。老年人由于气血俱亏，故有"昼不精，夜不瞑"的现象，但并不等于生理睡眠需要减少。相反，由于老人睡眠深度变浅，质量不佳，反而应当增加必要的休息，尤以午睡为重要，夜间睡眠时间也应参照少儿标准。睡眠时间还多少与性别有关，通常女性比男性平均睡眠时间长，研究认为可能与性激素分泌的差异有关。

第一，与睡眠时间有关的因素

一是体质与性格因素。睡眠时间长短与人的体质、个性也有密切关系。早在《内经》中就对此有明确论述："肠胃大而皮肤湿（涩），而分肉

第六章 采取健康的生活方式

不解焉。肠胃大则卫气留久，皮肤湿则分肉不解，其行迟，留于阴也久。其气不精则欲瞑，故多卧矣"。"其肠胃小，皮肤滑以缓，分肉解利，卫气之留于阳也久，故少瞑焉"，以上表明睡眠多少与人体胖瘦、大小有关。一般说来，按临床体质分类，阳盛型、阴虚型的人睡眠时间较少；痰湿型、血瘀型的人睡眠时间相对多。西方人认为性格与睡眠有关，偏向于内向性格、思考类型的人睡眠时间较多，而偏向于外向性格、实干类型的人睡眠时间较少。

二是环境、季节因素。不同的环境，季节的变化影响睡眠的调整。一般认为，春夏宜晚睡早起，秋季宜早睡早起，冬季宜早睡晚起。如此以合四季气候、时令变迁的规律。一般阳光充足的日子人的睡眠时间短，气候恶劣的天气里人的睡眠时间长。随地区海拔增高，人的睡眠时间一般稍稍减少。随纬度增加，人的睡眠时间会稍微延长。

三是其他影响睡眠的因素。睡眠时间的变化还与人们的工作性质、体力消耗和生活习惯有关。体力劳动者比脑力劳动者所需睡眠时间长，而脑力劳动者较体力劳动者快速眼动睡眠时间长。研究认为每个人最佳睡眠时间是不同的。可分为"猫头鹰型"和"百灵鸟型"。猫头鹰型人每到夜晚思维能力倍增，精力充沛，工作效率高，但上午精神欠佳。百灵鸟型人的特点表现为入睡早，醒得也早，白天精力充沛，入夜疲倦。一般来说，大部分人为百灵鸟型节律。此外睡眠时间的长短还与精神因素、营养条件、工作环境等有关。尽管个体所需睡眠时间差异很大，只要符合睡眠质量标准就视为正常。

第二，睡眠的质量标准

其实，多睡不一定符合养生要求。过多的睡眠和恋床可造成大脑皮层抑制，使大脑细胞缺氧。决定睡眠是否充足，除了量的要求外，更主要的还有质的要求。睡眠的质决定于睡眠深度和快速眼动睡眠的比例。快速眼动睡眠对改善大脑疲劳有重要作用。实验表明，经过剥夺异相睡眠的猫和鼠，它们的行为会发生变化，如记忆力减退，食欲亢进等。

一般说来，睡眠质量好，则睡眠时间可以少些。实际生活中可用以下标准检查是否具有较高的睡眠质量：

一是入睡快，上床后5~15分钟即进入睡眠状态。

二是睡眠深，睡中呼吸匀长，无鼾声，不易被惊醒。

三是睡中梦少，无梦惊现象，很少起夜。

四是起床快，早晨醒来身体轻盈，精神好。

五是白天头脑清晰，工作效率高，不困倦。

第三，睡眠规律与子午觉

养成良好的睡眠习惯，符合睡眠节律，是提高睡眠质量的基本保障。前面已经谈过睡眠起卧规律与四季的关系，一天之中起卧亦有规律，即要使睡眠模式符合一日昼夜晨昏的变化。

子午觉是古人睡眠养生法之一，即是每天于子时、午时入睡，以达到颐养天年的目的。中医认为，子午之时，阴阳交接，极盛及衰，体内气血阴阳极不平衡，必欲静卧，以候气复。现代研究也发现，夜间零时至凌晨4时，机体各器官功率降至最低；中午12时~13时，是人体交感神经最疲劳的时间，因此子午睡眠的质量和效率都好，符合养生的道理。据统计表明，老年人睡子午觉可降低心、脑血管病的发病率，有防病保健的意义。

第四，掌握睡眠的技巧

一是不要睡前吃东西。睡觉时，消化系统也都会"休息"，所以睡前吃东西会打乱你的睡眠。你还需要避免在睡觉前喝提神的饮料，像茶、可乐、咖啡等。

二是关灯睡觉。不关灯睡觉会影响你的生物钟，因为生物钟是靠外界的光源、温度等判断时间的。

第六章　采取健康的生活方式

三是采用一个舒服的睡姿。你可能觉得睡觉时不可能控制自己的睡姿（无意识状态）。事实上，这是可以办到的。当你要入睡，或者半夜醒来的时候，要有意识地采用一个舒服的睡姿便可。

四是坚持锻炼，避免压力。缺少锻炼和工作压力也会降低睡眠质量。所以要坚持锻炼身体和采用一套有用的时间管理系统。

五是其他需要注意的地方，包括每天打盹不要超过20~30分钟，否则会与晚上的睡眠冲突；保持卧室的温度，天气太冷要加盖毯子；不要把电视整晚开着，噪声污染并且浪费电；如果上床40分钟后你还没有睡着，起来做点其他事情直到你觉得又想睡了再睡觉，睡不着还一直待在床上，反而更难睡着。

第七章 活在当下，抓住眼前

过去发生的一切已经过去了，而未来却是个未知数，虽然难以预知，但现在这个"因"就决定着未来的"果"，现在所做的一切都是为将来做准备。事实上，我们自己是最好的主人，路是随着自己的心去走的。在某种意义上讲，人生之路走得是否顺畅是随着人们的心境的好坏而有所不同的。如何赢得一个理想的未来呢？本章的内容告诉你如何抓住当下，活在眼前，它将对一个人的未来发展起到决定性作用。

第七章 活在当下，抓住眼前

过去，现在，未来

德国一位哲学家说："时间的步伐有三种：未来姗姗来迟，现在像箭一般飞逝，过去永远静立不动。"其实，活在过去意味着已经失去了现在，活在现在意味着专心地享受现在，而活在未来则可能会失去未来。因此，淡然地看待过去，把握现在，拥有未来，才是明智的态度。

第一，淡然地看待过去

20世纪有一首叫《心雨》的歌曲十分流行。歌词中唱道："我的思念是不可触摸的网／我的思念不再是决堤的海／为什么总在那些飘雨的日子／深深地把你想起／我的心是六月的情／沥沥下着细雨／想你想你想你想你／最后一次想你／因为明天我将成为别人的新娘／让我最后一次想你……"

从歌词中我们可以看出，这是一位明天就要出嫁的新娘，头一天晚上还在思念原来的恋人。可以说，这位马上要嫁人的姑娘是一个典型的活在过去的人。她明天就要嫁人了，还在想着原来的恋人，结婚后的日子怎么过？由此可见，活在过去就会失去现在。

过去，代表着逝去。过去或许很好，鲜花不绝，掌声四溢；过去或许很辉煌，荣誉不断，鼓励阵阵；过去也许很困难，省吃俭用，积零攒碎；过去或许很失落，考试失利，形单影只。过去一切的一切，都已逝去了，我们已无法保留，无法挽回，过去给予我们的教训已然是记忆。但此时我们更应该说的是:"走过的已成历史,没有现在的奋斗和拼搏,现在也将要成为过去,成为遗憾的过去。"因此我们要淡然地看待过去。

第二,把握现在

有人说要"活在当下",活在当下就是专心地享受现在。何谓"当下"?它指的就是你现在正在做的事,你现在所在的地方,现在与你一起工作和生活的人。"活在当下"就是要你把关注的焦点集中在当下这些人、事、物上面,全心全意地认真地去悦纳、品味、投入和体验这一切。

活在当下就是把握现在,抓住现在。

有的人吃饭的时候还在看书、看报,还在思考问题,还在讨论工作,全然淡化了饭菜的美味;有的家庭把吃饭的时间,当成了相互抱怨批判的时间,丈夫抱怨妻子,妻子抱怨丈夫,父母批判孩子,结果本来其乐融融的一顿饭变成了批斗会,哪里还有天伦之乐可言?

有的人睡觉的时候还在想着白天发生的事,而且更多的是一些不愉快的事,想着想着就咬牙切齿,以至于泣不成声。这能叫作睡觉吗?简直是在受罪,自我蹂躏。

要想把握现在,抓住现在其实也很简单,就是吃饭的时候,我们要专注地享受饭菜的美味,抛开纷繁复杂的一切事务,感恩上天给了我们健康的身体和胃口,尽情地享受可口的饭菜;睡觉的时候,也要抛开一切的羁绊与烦恼,尽情地享受大床的舒适与安逸,让自己进入美丽的梦乡。

第三,拥有未来

未来是现在的继续,每个人对未来都有美好的憧憬,或驰骋商界,或苦战文学,或投笔从戎……每个人在未来都会找到自己的一席之地,然而好的未来却不是凭空想象就可以得到的。未来的命运把握在每个人自己的手中。如果甘于奋斗,不怕吃苦;如果乐于奉献,善待他人;如果宽容大方,大肚容人;如果小肚鸡肠,鸡毛蒜皮;如果利欲熏心,不分是非;如果好逸恶

第七章 活在当下，抓住眼前

劳，慵懒散漫……你的未来很大程度上取决于你现在的表现。如果你不能脚踏实地地把握住现在，无论你把未来想象得多么美好，多么完美，命运或许依然会跟你开玩笑。

活在未来可能会失去未来。只有现在，脚踏实地地往下走，一步一个脚印，你的人生之路，才会越走越宽，越走越平坦。

有的人不会活在当下，总是爱胡思乱想。有一个农村小伙子，在树阴底下打瞌睡，听到家里的母鸡下蛋之后的叫声，赶快跑了过来，往鸡窝里一看，哇！这只老母鸡真够意思，一下子下了这么大的蛋。他兴奋地拿起鸡蛋，心想：这个蛋不能吃掉，我要用这个鸡蛋孵出小鸡，小鸡长大了可以下很多的鸡蛋，鸡蛋又可以孵出很多小鸡，小鸡长大又可以下很多鸡蛋，接下来，建立一个养鸡场，钱赚得多了，再建立一个肉类加工厂，不到五年，我就会成为远近闻名的养鸡大王，村里那个最漂亮的阿娇不是不理我吗？到时候，她撵着追我还来不及呢！不行，不能跟阿娇结婚，我找全县城最漂亮的女人结婚，我要住上最大的房子，买最豪华的轿车，到大城市里享受花天酒地的生活。想着想着，他兴奋得手舞足蹈起来。啪嗒！手里仅有的鸡蛋掉在了地上。

这个笑话说明了这样一个道理：不会活在当下，就会失去当下。很多人总是在憧憬着自己未来的美好图景，但却很少有人能将愿望变成行动。

也有的人大多数的时间都生活在对未来的担忧甚至是焦虑中。比如，担心自己会失业，担心未来能不能找到好工作，担心未来能否找到一个好伴侣，忧虑未来得了病怎么办，忧虑自己的孩子，忧虑自己的父母等。所有这些担心、忧虑乃至焦虑，不仅解决不了一点现实的问题，于事无补，更严重的是这种人失去了现实的行动力。

再比如，得了癌症的人最常问的问题是"我还能活多久？"，或者后悔自己"以前怎么就不知道预防？"。这种对过去的后悔和对将来的担心让他们身心疲惫，加重了病情。有益的做法是只专注于现在，专心于治疗。

专家指出，人们的多数忧虑源自对将来的考虑，对还没有发生的事情患得患失，忧心忡忡，甚至感到一种绝望与挫败，而专注于当下就会减轻这种焦虑感。未来应该去梦想、设计与规划，但是，如果只是醉心于虚幻的未来，忘记了享受现在，那么与黄粱美梦又有何异？

我们并不是说回忆过去或者展望未来有什么不好，而是说过分沉醉于过去或未来，会妨碍一个人现在的努力与行动。只有当过去的经验值得借鉴时才需要回忆，只有未来的梦想对现实有意义时才值得展望。而活在当下是我们享受快乐人生的秘诀，抓住现在则是我们创造美好将来的途径。

在人生的路上，我们应该记住这样一个道理：过去不等于现在，现在预示着未来。

接受现实是人生的必修课

很多时候，我们之所以会觉得痛苦和烦恼，就是因为我们不能接受现实。创业失败了，我们不敢接受现实，整天沉溺于"我不应该失败"的念头中，反反复复地折磨自己，逃避创业失败的现实。其实，令我们痛苦的不是创业失败，而是"我不应该失败"这个念头，因为谁都会失败，失败是不可避免的。

生活中，人们总喜欢假设：假设当初再坚持一下，我现在就一定是个成功的人了；假设我有足够的资金，我现在一定已经开创了一番自己的天地；假设我没有被现实蒙蔽双眼，我现在就会和心爱的人一起幸福地生活了……

第七章 活在当下，抓住眼前

女人喜欢假设自己聪明、漂亮，男人喜欢假设自己事业有成、帅气多金，但遗憾的是，人生是一张单程票，所有走过的、经历过的都会成为不可更改的事实和历史。如果这些事实是好的，人们自然愿意欢欢喜喜地接受；如果是不好的，人们就会从心底排斥它，不愿去接受，会在悔恨、懊恼、失望、自责中度过，直至身心俱疲。其实，不论这些事实是美好的还是痛苦的，无论你是否愿意，都必须接受它，因为事情已经发生，便不可更改。

接受现实是人生的必修课，这一课程的内容包括：静下心来，不要抱怨；学会放弃，懂得舍得；不再后悔，甩掉烦恼；抓住机会，学着改变。

第一，静下心来，不要抱怨

人生中会有很多事情是我们无法控制的，很多时候，我们不能改变什么，唯一能做的，就是静下心来，调节自己的心态，寻找可以突破的出口。只有心平气和地接受现实，才能静下心来去寻求突破。

生活中，面对无法改变的现实，最好的选择就是接受。抱怨无济于事，它只能徒增悲伤和烦恼，把自己推向另一个看不到希望的人生沼泽。无论何时，都不要抱怨。不要抱怨上天给予自己的不够多，也不要抱怨自己的命运如何的坎坷。那些有所成就的人，并不是因为上天多么垂青他们，而是因为他们勇于接受现实，并努力奋斗。

第二，学会放弃，懂得舍得

学会放弃是一种能力，只有那些能够放弃的人，才会活得潇洒，活得快乐。每个人的心灵空间都是有限的，要想装下更多美好的东西，就需要丢弃一些不必要的内容，只有这样，心灵才不会有太多的负累。因此，在人生旅途上，我们要想轻松地前行，快乐地生活，就必须学会放弃，放弃那些阻挠我们成长的忧郁，放弃那些影响我们快乐的消极方面。

芸芸众生，有人生活得快乐、自在，有人生活得沉重、痛苦，很多时候，是因为前者能够忘掉曾经刻骨铭心的伤痛，能够忘掉曾经难以承受的苦难，而后者则耿耿于怀，舔舐着伤口，沉浸在痛苦的回忆中。忘掉过去，你将拥有幸福的生活，学会忘记，也就学会了宽恕自己，解救自己。

人生要懂得舍得，没有舍就没有得，这是生活的另一种选择。人生如戏，每个人都是自己的导演，只有学会选择"舍"的人才能有所"得"，才能创作出精彩的剧目，拥有精彩的人生。

总之，学会放弃，**懂得舍得**，这是一种智慧，一种超脱，一种气度，更是一种升华，一种境界。只有如此，才能使人生拥有更多精彩。

第三，不再后悔，甩掉烦恼

悔恨是不能解决任何问题的，也没有必要为了过去的错误不停地谴责自己。要懂得犯错误是正常的，最重要的是从错误中吸取经验、教训。不要对自己太苛责，要学会宽恕自己，经常对自己说：过去的就让它过去吧，大不了一切从头开始。这样，才能够乐观地生活下去。

很多时候，人的烦恼都是自找的，要想从烦恼的牢笼中解脱出来，就要做到"心无一物"，放下心中的一切杂念，烦恼自然就会烟消云散。很多人之所以烦恼，其实是因为他们总沉浸于烦恼的事情中不能自拔。我们既然不能改变既成事实，为什么不改变自己的态度呢？因此不妨让自己生活得充实一点，让更多有意义的事情去占满自己的时间。

第四，抓住机会，学着改变

接受现实并不意味着接受所有的不幸，并不意味着成为现实的奴隶，并不意味着消极被动，只要有一丝可以挽救的机会，我们就应该努力奋斗，学着去改变自己的处境。但如果我们发现情势已不能挽回时，最好就不要再思前想后，拒绝面对，要接受不可避免的事实，唯有如此，生活才能平稳、踏实地继续下去。

生活中，我们会遇到许多不公平的事情，许多都是我们无法逃避的，也是无法选择的。所以，我们只能接受已经存在的事实并进行自我调整，抗拒

| 第七章 | 活在当下，抓住眼前

不但可能毁了自己的生活，还可能会使自己精神崩溃。因此，在面对无法改变的厄运时，要学会接受它、适应它。

珍惜当下拥有的一切

人生就像一条河流，不可逆转，生命中的每一个阶段、每一天都是独一无二的，都不能重复。一位外国哲人说过："没有人生活在过去，也没有人生活在未来，现在是生命确实占有的唯一形态。"也常常听人说："即使错过了太阳，又错过了月亮，可别再错过了自己。"因此，无论处于哪个阶段、哪一天的人们，最可贵的是眼前的时光，应该珍惜当下拥有的一切。

人类常常会怀念往昔，会梦想未来，唯独对现在不会很满意，即便满足于当前，大抵也是因为认为在可预见的未来会无忧无虑。人似乎一辈子都困在此种时空错乱的得失矛盾中。因而，我们更应该学会珍惜当下拥有的一切。

有一个人，他生前善良而且热心助人，在他死后，升上了天堂，做了天使。当了天使以后，他仍时常到凡间去帮助人，希望能感受到幸福的味道。有一天，他遇见一个农夫，农夫看起来非常烦恼，他向天使诉说："我家的水牛刚刚死了，没它帮忙犁田，我怎么能下田工作呢？"于是天使赐给他一头健壮的水牛，农夫很高兴，天使在他身上感受到了幸福的味道。又有一天，他遇见一个男人，男人非常沮丧，他向天使诉说："我的钱都被骗光了，没有盘缠回乡。"于是天使送给他银两做路费，男人很高兴，天使在他身上也感受到了幸福的味道。又有一天，他遇见一个诗人，诗人年轻、英俊、有才华而且富有，妻子貌美又温柔，但他却过得不快乐。天使问他："你不快乐吗？我能帮助你吗？"诗人对天使说："我什么都有，只缺一样东西，你能够给我吗？"天使回答说："可以！你要什么我都可以给你。"诗人用期盼的眼神望着天使："我想要的是幸福。"这下可把天使难倒了，天使想了想，说："我明白了。"接下来，他把诗人所拥有的全部拿走。天使拿走诗人的才华，毁去他的容貌，夺去他的财产和他妻子的性命。做完这些事后，天使便离去了。一个月后，天使再回到诗人的身边，看见诗人饿得半死，衣衫褴褛地躺在地上挣扎。于是，天使把他的一切又还给他，然后离开了。半个月后，天使再去看诗人。这次，诗人搂着妻子，不住地向天使道谢，因为，他得到了幸福。

在实际生活中，人每每要到失去以后，才懂得珍惜。其实，幸福早就在你的面前，只是你没有用心发现它而已：当你肚子饿的时候，有一碗热腾腾的面条放在眼前，是幸福；当你累得半死的时候，扑上软软的床，也是幸福；当你哭得要命的时候，旁边有人温柔地递来一张纸巾，更是幸福。我们要"珍惜当下"，就要学会"把握当下"，因为只有当你懂得珍惜自己当下的拥有时，你才会读懂人生，才会明白人性的真实需求和生命的真正意义。懂得珍视当下的拥有，你的一生将无怨无悔；懂得珍视亲情、友情，你的生活就充满欢乐，充满阳光。

第一，珍惜当下的工作机会

我们每个人都一直拥有在某个方面成为优秀者的潜能，一直拥有被委以重任的机会，只是很多时候，我们沉醉于平安舒适的日子里，对这些机会毫不在意。上帝通常都是先用温和的报警来提醒我们，当我们对他的警告置之不理时，他就会重重地捶你一下。那么在工作中，没有人愿意接受"上帝的重锤"，谁都希望在平凡的岗位上脱颖而出。我们说要活在当下，可又有

| 第七章 | 活在当下，抓住眼前

几个人真正珍惜过自己的工作机会呢？要知道，这个世界只会为那些懂得珍惜，努力工作的人"大开绿灯"。

第二，珍惜当下的时间

珍惜时间的人，即使他只有几分、几秒的时间生活，他也会将每分、每秒都运用起来，争取做对世界或社会有用的人；相反，不珍惜时间的人，即使他有几千、几万年的光阴，他也会毫无意义地将其荒废掉，直到被世人遗忘。所以，从现在做起。从每分、每秒做起，珍惜时间，多做一些有意义的事情。

第三，享受当下的幸福

珍惜每天，不带怨气，不责怪生活，常常这样对自己说："今天，我还活着，我很健康，我的亲人也都健康，我这样活着，真是幸福！"是的，能健康地洗衣、做饭，能精力充沛地工作，能与三五个好友交流谈心，能帮助别人，也被别人帮助……能够这样的活，还不是天大的幸福吗？

第四，感恩这个世界

感恩世界不仅仅是感恩亲人、感恩朋友，我们更应该感恩大自然所给我们带来的一切，感恩世界给予我们赖以生存的条件。所以我们要热爱大自然，保护大自然，也要感恩同样生活在这个世界的陌生人或萍水相逢的人所给予的帮助。

总之，人活着，要懂得珍惜，懂得感恩，珍惜当下拥有的一切。要学会互相理解，多一分宽容、多一分关爱，就多一分幸福。虽然生活中难免有种种不如意，但我们依然是幸运的，因此更应该珍惜当下拥有的一切。

把握现在胜过等待未来

有人常常这样对自己说:"明天我就开始运动,保持一个好的身材和身体""下周我要找个时间出去散散心,摆脱现在的困顿状态""退休后,我要开始学习画画和舞蹈"……这些人总把希望放在明天,对未来有若干计划,而不是从今天就开始。

要知道我们的生命是何等脆弱。早上醒来时,原本预期过的一个或快乐、充实或平静、安宁的日子,可能就会因某些意外事件而破灭,如交通事故、地震灾害、各种突发疾病等,刹那间颠覆了生命的巨轮,使我们突然跌进一片黑暗之中,再也看不到未来。

还有的人常在担心一些没有到来的事,如"我老了、病了怎么办";或挂念还没完成的而当下又无法去做的工作;或常常在夏天就去做春节回家要买些什么礼物的计划……这些人常常沉浸于这些还没有到来的事情中把却现在最美好的时光给耽误了。

其实,对于未来的所有担心、挂念、空想根本没有意义,就像一辆陷在烂泥里面空转的车,只能在那个地方空转,浪费了油却什么地方也到达不了。回想一下我们曾担心过的事,比方担心考试会不会通过,担心生病什么时候能好,担心天气会不会下雨,担心没钱缴贷款……最后的结果会因我们的担心而有改变吗?可事实上这是不可能的。因为,担心紧张怎么会带来好

| 第七章 | 活在当下，抓住眼前

成绩？忧愁烦恼怎么能让病情转好？焦虑不安怎么就能变出钱来缴贷款？天气也怎么会因我们的担心而有所改变？

在我们的生活中，好像很多人都很愿意牺牲当下的幸福生活，去换取对未来无知的担忧。其实，明天将发生什么，我们谁也不知道。将希望寄予"等到空闲的时间才享受"，我们不知道失去了多少可能的幸福。不要再等待有一天我们"可以松口气"，或是"麻烦都过去了"，才去实现目标或理想，生命中大部分的美好事物，都是短暂易逝的，此刻去享受它们、品尝它们，善待我们周围的每一个人，别把时间浪费在等待所有难题都有"完满结局"上。

人生没有草稿纸，生活也不会给我们打草稿的机会，我们所认为的草稿，其实就已经是我们人生的答卷——无法更改，亦无法重做。所以，我们应该从以下几个方面来把握好现在，认真地对待现在。

第一，明确生活目的

如果把生活的目的定位于是不是达成交易，是不是挣了钱，或者是不是达到某种物质上的目的，那么，你就真的是过了糟糕的一星期？

但是，如果把生活的目的定位于自己的成长，那会怎么样呢？也许这星期你的客户态度很恶劣，但你还是保持了平和真诚的态度；也许这星期客户让你很失望，可是你没有放弃，没有让自己的情绪受影响。如果能做到这一步，那么对你来说，这就是一个了不起的一星期、胜利的一星期。你真正用学习、接受挑战和坚韧达到了这一星期的目的。虽然没有得到物质上的奖赏，但你获得了一些更深刻的东西，提升了自己的生命质量。

如果你感觉最近状况不是很好，认为获得的不如期望的多，那么也许你还没有从正确的角度思考生活。因为你使用了错误标准去衡量自己，从而疏忽了自己的伟大进步。

因此，要明确生自己的活目的，要改变自己对成功的理解。与其把成功看作你所争取的或得到的结果，还不如把成功定位于自己每天有多少进步，把自己"每天应该怎样"的"条例"变为另一个"承诺":"今天我要把自己变成更优秀的人。"

要告诫自己:不管生活中发生什么,都是我学习成长的机会。这样的话,不管外界发生什么事,你的每一天都可以是精彩的一天、成功的一天、快乐的一天。

第二,把握现在

要想把握现在,就要活在当下,用心做好当下的每一件事。"用心做事"是一种品质,要求我们用心投入,踏踏实实、实实在在地做事,要弯下腰深入下去,要有进取心。进取是人生的动力源泉。以新思维、新举措来适应新情况、新任务。我们遇到的情况每天都在变化,所以现在做事靠拍脑门不行,靠出大力、流大汗也不行,必须得学会创造性地开展工作。

用心做好当下的每一件事,就要学着发现、学着聆听、热爱生活、热爱生命,每一天的生活定会给你一份真实的精彩。

第三,抓住当下的每一次机会

认真把握当下每一次机会,才能使你每次出手成为精彩,才能使你的精彩化作永恒的经典,才能确立你无人替代的强势地位。三百六十行,行行出状元,无论你在哪个行业、哪片职场拼杀驰骋,只要你保持精进态度,勤于苦练,做个有心且努力的人,把握当下每一次机会,并让每次出手成为精彩,就能跃升为行业翘楚、众人追捧的耀眼明星!

总之,不要去想什么昨天或明天,想想今天。其实,人生也没什么昨天和明天,有的只是今天。请把握今天!

第七章 活在当下，抓住眼前

抓住眼前就不能优柔寡断

曾发生过这样一件事。

一位伐木工人在伐木时不幸被伐下的树砸在大腿上，血流不止，因是单独伐木，周围无人救助，自己也没带紧急救助的医疗器具。他深知，若是不将压在大腿上的大树移走，任凭血流下去，自己将会因失血过多而丧命。他也想用电锯将压在腿上的树锯断移走，但是，怎么都达不到目的。怎么办？情急之中他当机立断，用电锯将自己的大腿锯断，结果他失去了大腿，但保住了性命。

应该说，这位伐木工人是很果断的，若是迟疑不决，优柔寡断，光想等人来救，或是总考虑不用麻醉药就锯下自己的大腿那是多么痛苦的一件事啊……那么，其后果将是不堪设想的。所以他的这一决策是非凡的，做这个决定他需要付出极大的勇气。"当机立断，不受其乱。"这位伐木工人就具有决策果断这一宝贵的人格品质。

但是，在现实生活中具有这种优秀品质的人并不是很多，相反的，有很多人都是在关键时刻办事迟疑、难以取舍、拖拖拉拉、犹豫不决，因错过了成功的大好时机而以失败告终。

为什么人们会优柔寡断呢？这是因为：一是人们对事物缺乏一种积极、自觉、主动的态度，在选择行动目的时，不太懂得它的重要意义，也不清楚可能的后果，经常患得患失；二是做事缺乏信心，对事物的反应不够快速和敏捷，因而显得非常没有效率；三是对事物缺乏全局性的理解和判断，不能审时度势，不能抓住问题的要害，因而自己的行动就缺乏智慧，不是轻举妄动就是犹豫不决。

英国一位大文学家说得好："智虑是勇敢的最大要素。"的确，优柔寡断是人成功的大敌，它会使人失去很多成功的机会。俗话说得好："机不可失，时不再来。"有的人就是因为患得患失，因为优柔寡断而经常错过时机，结果呢？机会就会风驰电掣般从你身边飞走，等待你的就只有后悔了。为什么有不少人永远只能漂流在狂风暴雨的汪洋大海里，为什么永远到不了成功的目的地？原因往往就在于太优柔寡断。

摆脱犹豫不决的作风，养成做事果断的品质，是有效地抓住眼前的必备素质。那么，怎样才能做到这些呢？

第一，要有丰富的知识

有知识的人是不会犹豫不决的。我们的先哲曾说过这样一句名言："犹豫不决是以无知为基础的。"作为当机立断的果断靠的是什么呢？靠的是一个人对问题有全面的了解，对情况深刻的理解，解决问题的全面的技能。总之，果断的人与普通人一样，他同样会有着复杂的、剧烈的思想斗争，同样会有矛盾的和激烈的情绪感受，但是，由于他的果断是以知识作为后盾的，所以，这种果断是很理性的，绝不是武断，更不是一种随意的轻举妄动。

第二，思想稳定、情感集中

思想稳定、情感集中的人是不会犹豫不决的。这样的人有能力将自己的思想和情感集中于问题点上，将自己的行动引到正确的轨道上来。而那些思想、情感分散的人，则永远陷于矛盾斗争的痛苦之中，或是找不出明确的办法，或是在痛苦之中做出仓促的、草率的决定。

第三，充满自信

对自己充满自信的人是不会犹豫不决的。克服犹豫不决的最好办法是肯定自己的能力，坚信自己能解决这个问题。犹豫不决的人总是对自己说："这件事我干得了吗？恐怕干不了吧！"自己还没有干就担心干不了，怎么能成功？而那些自信的人的思想方法是："我会干好的。没问题。"这无疑是在给自己打气，人一旦有了信心，也就不会犹豫不决了。

第四，有勇气

有勇气的人是不会犹豫不决的。无论做什么事情都要有一股破釜沉舟的勇气，都要有一种"不入虎穴，焉得虎子"的冒险精神。有人说得好："要有战胜自己的勇气。人类对自己总是姑息软弱的，尽管平时一再地说要坚强、要坚强，可一面对自己，就连当初所说的一半也实行不了啦。一切功劳归于自己，一切错误归于别人，这丑恶的一面是每个人都有的。要战胜如此软弱、丑恶的自己，就必须拿出最大的勇气。"

总之，请记住德国一位伟大的诗人的这句富有哲理的话："长久地迟疑不决的人，常常找不到最好的答案。"

活在当下要摆脱消极情绪

如果你不断地重复做某件事，在生理上来说，我们某些神经细胞之间就会建立起长期且固定的关系，比如，如果你每天都生气，感到挫折，每天都很痛苦……那么，这就变成了你的一个情绪模式。更糟糕的是，当我们在身体层面或是大脑层面产生某种情绪感受时，我们的下丘脑会马上组装一种化学物质，随着血液跑到我们身体的每一个细胞。久而久之，感受器对这种物质就有了特定的胃口，会产生饥饿感。所以，如果你很久不生气的话，你的细胞会让你有生理的需求想要去发脾气。

制伏情绪，尤其是消极情绪，就看你是个什么状态。如果活在过去，你会恐惧地想：昨晚的噩梦好可怕啊！也可能会烦躁地想：昨天突然下雨了，刚晒干的衣服又湿透了。如果活在将来，你会担心地想：这个月销售业绩万一达不到怎么办？也可能烦，会焦虑地想：如果周末考砸了怎么办？那么就试着活在当下吧！把注意力拉回到你现在正在做的事情上面，比如，如果你在洗碗，你就感受一下水的温度，皮肤和碗接触时的感受，你触摸它们的感觉变化……这样，就可以有效地阻止自己胡思乱想。

那么，在"当下"有消极情绪袭来时，我们怎么应对呢？下面以恐惧情绪为例来讲一下摆脱消极情绪的方法。

第七章 活在当下，抓住眼前

第一，识别情绪

在每一种情绪产生之初我们都应该识别它，而识别情绪的途径是有意识地觉察。拿恐惧这个例子来说，当恐惧产生时，你要有意识地觉察它，并识别它的存在。你知道恐惧源于自我，察觉意识也源于自我，两者共存于你的内心，不是相互对抗，而是相互守望。

第二，认同情绪

在识别出情绪之后你要正视这种情绪，并认同它的存在。此时，你不必感到害怕，因为你知道自己心中不仅有恐惧，还有主观上的意识觉察，它会伴护在恐惧周围。只要这种察觉还在当下，你就不会被拉入恐惧的泥沼而不可自拔。事实上，在觉察到心中恐惧的那一刻你就开始转化它了。

第三，缓和情绪

缓和情绪的不二法门是跟它在一起，只有抛开所有杂念，全身心地去面对这种情绪，这种不安情绪才会缓和。所以，我们应该直面情绪，不要逃避，不要对自己说："有什么大不了，不过是我的一种情绪罢了。"来吧，让我们勇敢地面对情绪，跟它在一起，这时你可以对自己说："呼气，缓和我的恐惧情绪。"

第四，释放情绪

释放情绪就能做到无为任自然。因为自己的心态平稳，你感到安逸自然，哪怕自己仍然身处于恐惧威胁之中。你知道自己的恐惧不会成为无法控制的恶魔，你能够应对它，它的危害已经被降到了最低点，变得轻微且可以忍受。现在的你可以笑对恐惧，任随它去。但请不要就此罢休，你现在有机会更深入地去观察恐惧，并开始从根本上去转化恐惧情绪。

第五，审视情绪

你需要审视你的恐惧情绪，以探究竟，哪怕这种恐惧感已经离你远去。你要通过审视去发现问题的原因所在，并找到有助于情绪转化的合理方式。

比如，通过观察你会意识到恐惧的产生有很多原因，有的是身体内部的，有的是身体外部的。如果是担心周围环境出了什么问题，如果你能够把环境的问题处理好，也就可以从根本上摆脱这种情绪了。审视情绪的过程让我们看到恐惧产生的各种原因，知道这些原因之后，我们才知道如何做以转化情绪并获得自由。

上述这一过程类似于心理治疗。在为病人治疗的过程当中，治疗师要研究病人痛苦的本质。通常来说，通过根究病人看待事物的方式和对自我、对所处文化以及对这个世界所持有的信念，治疗师一般都能够挖掘出病人痛苦的原因，之后再与病人一起对这些观点与信念进行检验，并最终将病人从此种思想牢笼之中解放出来。但是，要实现这一过程，被情绪折磨的人自身的努力是最为关键的，正所谓"授人以鱼不如授人以渔"。

因此，我们识别情绪，认同情绪，缓和并释放情绪，然后我们审视情绪，究其缘起，而这样的缘起通常就是我们不准确的认知。一旦我们理解了情绪的缘起与本质，它们就开始自动转化了。

总之，每天检视今天有什么事情让你有负面情绪的产生，然后向内探索原因。或者也可以让自己在面对每天生活的人或事物时，学习掌控情绪的功课，做自己情绪的主人。

| 第七章 | 活在当下，抓住眼前

最好的机会就在当下

什么是机会？

在生活中，常常会听到有人这样叹息："可惜没有机会呀！"这话乍一听不无道理，人没有机会，就无从施展才华。但是，如果一个人觉得自己没有机会，那只是因为他没能抓住机会而已。事实上，只要你在工作，机会就随时都会出现在你的眼前，确切地说，就掌握在你的手中，就看你是否能意识到它的存在。

在一个人人都有可能成功的年代，谁都不会同情说自己没有机会的人。不过，这里所说的机会，不是指那种你从成功者的故事中一再读到的传奇性瞬间，那种机会只属于少数幸运儿。相反的，是那种普普通通的机会，那种你只要全心全意工作就会获得的机会，是日复一日地付出所能换取的机会。请相信我，这是最靠谱的机会。

在所谓的机会面前，很多人常常犯"灯下黑"的错误，他们总是喜欢把视野扩展到能力所不及的地方，然后叫嚷着自己没有机会，可就是没想到，此刻，他的身边就蛰伏着实实在在的机会。比如有一份工作，就是最好的开始，执行上级交代的任务，就是机会。

你不必费心地去幻想那种千载难逢的机会，更不必为得不到而懊恼，要知道，这种机会等于撞大运，它降临在你身上的概率无异于闪电击中一个预设的

人生的蜕变——个人深层文化意识的觉醒

目标。如果你平时不善待那些"普通"的机会,即使那种千载难逢的机会真来了也会溜走。

　　幸运彩票就在你手中,你需要做的,只是牢牢抓住它、占有它,把它兑换成你可以把握的机会。如果你能够把一件普通的工作做得超出上级的想象,同样也是一种精彩。要知道,你今天所做的每一件事情,都是为了成就自己的未来。你做好了一件事,画上了一个完美的句号,上级就会交给你下一件事。如果你连续几件事都能做得出彩,上级就会对你刮目相看,必要时,他就会交给你一个谁都没做过的工作。到那时候,你真正迎接挑战的机会也就来临了。

　　从这个意义上来说,对待任何一项工作,我们都应当做个完美主义者,只有力求尽善尽美,才能赢得信赖。在我们的一生中,一个重大机遇的来临,是曾经抓住了若干普通机会的必然。

　　那么,在现实生活中,我们怎样才能抓住机会呢?

第一,活在现实中

　　过去的已然消逝,未来的还是未知,只有现在是真实的。机遇就属于现在,一定要发现机遇,它们才会成为真实。关键在于,你的脑子里如果不埋葬昨日的失败,那就感受不到机遇的真实。如果过去的错误总是阴魂不散,过去的愧疚魂牵梦绕,过去的悲剧记忆犹新,那你怎么能看到机遇?

　　超越过去的自我去奋斗吧,挣脱过去的枷锁,奔向现实的机遇。现实并不是什么模糊的概念,现实就是今天,这一刻,现在。"过去"并不是你唯一的障碍,憧憬"明日复明日"的想法同样会阻挠你实现目标。空想是不现实的,消极的,尤其是幻想哪位天使会突然降临,按下奇迹的按钮,来拯救你。可是,根本就没有奇迹的按钮,只有你自己所有的才智,你自己的决心,你自己的感受能使你成功。你要坚信你本来就应该成功。

第七章 活在当下，抓住眼前

第二，勇于解放思想，转变观念

解放思想我们已经喊了三十多年了，有些人都不耐烦了，他们认为自己已经做到了解放思想。其实不然，因为解放思想是一个动态过程，不是一劳永逸的事情。我们的形势发展日新月异，前几年的情况和现在大不一样。甚至一年和一年的情况都不一样。因此解放思想是要与时俱进的，解放思想是一个永恒的话题。不解放思想，你就看不到机遇，就是机遇来到你面前，你也会失之交臂。

第三，不要贬低自己

要坚持实事求是，吃透自己的情况。准确把握自身的优势和劣势，发挥优势，回避劣势，真正做到认识自己。

也许你不是个明星，也不是百万富翁。你只是个销售员，家庭主妇，洗车工，洗碗工，清洁工，收银员等，但你一样可以很伟大。你是什么样的人，就接受什么样的自己。否则，你永远看不到机会，永远不会感到自己的进步，永远不会觉得自己会获得成功。

第四，敢于面对危机

别让危机打垮你，努力使自己镇定从容。我们不仅有可能战胜危机，甚至还可以把危机转化为创造的机会。不要诋毁"自我形象"，不论发生什么，在脑海里再放一遍自己成功的电影。不论发生什么，不论失去什么，不论要忍受怎样的失败，一定要坚定自己的信念，这样才能战胜危机，才能镇定而勇敢地拒绝失败，不至于倒在地上，瘫成一团。也只有这样才能支撑自己。

看看镜子里，那就是你。一定要喜欢自己，一定要接受自己，一定要成为自己的朋友。尤其是在危机中，一定要给自己支持。想想你经历过的危机，回顾一下你是如何成功度过那些危机的，如何把危机变成了发展的机遇，化弊为利。记住，千万别对自己失望。

第五，锻炼敏锐的洞察力

善于在复杂情况下发现机遇，甚至在危机中抓住机遇。古人说："祸兮，福之所倚，福兮，祸之所伏。"讲的就是危险和机会相依的辩证关系。一个知名企业的董事局主席说："机遇就是在一片反对声中开始，一片议论声中进行，一片鲜花和掌声中结束。"

在日常生活中，常常会发生各种各样的事，有些貌似平常的小事中却可能包含重要的意义。一个有敏锐观察力的人，就要能够看到这些小事中所蕴含的机会。

当然，我们说培养敏锐的洞察力，留心周围小事的重要意义，并不是让人们把目光完全局限于"小事"上，而是要人们"小中见大""见微知著"。只有这样，才能有所创造，有所成就，并得到幸福。

第六，具备一定的判断力

在我国社会主义市场经济体制确立以后，人们应该根据自己的判断力，选择和从事有利于社会又适合自己的工作，并尽可能地运用自己的判断力，促成事业的成功，为社会创造更多的财富。

第七，敢于冒风险，敢于担当

敢于冒险，是成功人士的基本素质，只有敢于冒险，你才有成功的可能。但是我们现在很多人喜欢追求四平八稳的生活，他们认为，在一个地方工作成绩平平不要紧，关键是不出大问题。只要不出大问题，待几年就可以换换地方升迁了。其实，敢于冒险，敢于担当，是挑战成功的第一步，敢冒风险的人，才能抓住机遇，敢于担当的人，才能做出成绩。

总之，做好眼前的事就是你最好的机会，而如果你不在乎当下，好机会已与你擦肩而过。

第八章 规划人生，绘就蓝图

很多人都心怀梦想，志存高远，但人生理想需要实实在在的"规划"才能实现。所谓人生规划就是一个人根据社会发展的需要和个人发展的志向，对自己的未来的发展道路做出一种预先的策划和设计。本章内容从分析个人的需求出发，分析自己的性格、自身条件的优势和劣势，如何制定目标，明确阻碍，完善和提升计划，如何实施等诸多方面，阐释了人生规划的要项，帮助你更理性地思考自己的未来，选择未来适合自己的职业，培养自己适应未来职业需要的综合能力和综合素质。

人生的蜕变——个人深层文化意识的觉醒

有什么样的目标,就有什么样的人生

许多人埋头苦干,却不知所为何来,到头来发现成功的阶梯搭错了方向,却为时已晚。有什么样的目标,就有什么样的人生。因此,我们必须掌握真正的目标,并澄明思想,凝聚继续向前的力量。

第一,目标决定人生

巴菲特曾说:"我们周围许多人都明白自己在人生中应该做些什么事,可就是迟迟拿不出行动来。根本原因乃是他们欠缺一些能吸引他们的未来目标。"如果你就是其中之一,那么,从现在开始就应该学会怎么挖掘出从未注意的机会,进而拿出行动,以实现那些人生梦想。

你知道如何训练跳蚤吗?当我们训练跳蚤时,把它们放在广口瓶中,用透明的盖子盖上。这时跳蚤会跳起来,撞到盖子,而且是一再地撞到盖子,当你注视它们跳起并撞到盖子的时候,你会注意到一些有趣的事情。跳蚤会继续跳,但是不再跳到足以撞到盖子的高度。然后你拿掉盖子,虽然跳蚤继续在跳,但不会跳出广口瓶以外。理由很简单,它们已经调节了自己跳的高度,而且适应这种情况,不再改变。不但跳蚤如此,人也一样,有什么样的目标就有什么样的人生。

目标就像指路明灯,是人生成功的向导。有了目标,内心的力量才会找到方向。设定明确的目标,是所有努力的出发点。大多数的人之所以失

第八章 规划人生，绘就蓝图

败，就在于他们从来没有明确的目标，也从来没有踏出他们的第一步。实际上，每个人都应该有一个能够让自己信服并且为之奋斗的目标。这个目标并不一定是个确定的值，而是自己设定的在将来的某个时间点要达到的职业成就及社会阶层。虽说人生目标总是很遥远的，但是如果你能正确看待，它就会成为你奋斗的动力及人生导航。卡内基就是一个很好的例子。

当卡内基决定要制造钢铁时，脑海中便不时地闪现此欲望，并变成他生命的动力。接着他寻求一位朋友的合作，由于这位朋友深受卡内基执着力量的感染，便决定贡献自己的力量。这两个人的共同热忱，又说服了另外两个人加入他们的行列。

这四个人最后形成卡内基王国的核心人物。他们组成了一个智囊团，筹足了为达到目标所需要的资金，最后获得了成功。

我们每个人都希望得到更好的东西，如金钱、名誉、尊重。但是，大多数的人仅把这些希望当作一种愿望而已，如果你知道自己希望得到的是什么，如果你对达到自己的目标的坚定性已到了执着的程度，而且能以不断的努力和稳健的计划来支持这份执着的话，那你就已经确立了明确目标。

表现杰出的人士往往都是循着一条不变的途径达到成功的，世界闻名的潜能激发大师安东尼·罗宾先生称这条途径为"必定成功公式"。这条公式的第一步是要知道你所追求的，也就是说要有明确的目标；第二步就是要知道该怎么去做，否则你只是在做梦，你应立即采取最有可能达到了目标的做法。然而这个方法在实际执行时不一定能奏效，此时就得进行第三步，以敏锐感来辨识各类回馈信号，并尽快从得到的结果来判断是接近还是远离目标。如果不是预期的结果，你得记录下来，就像你学习其他人的经验一样。接下来你就进入第四步，也就是形成达到目标的变通能力。

人生的蜕变——个人深层文化意识的觉醒

如果你仔细留意成功者的做法,就会发现他们大都在遵循这些步骤。一开始先有目标,否则一切都无从谈起;然后采取行动,因为坐着等是不行的;接着是拥有判断能力,知道反馈的性质;此后不断修正、调整、改变他们的做法,直到有效为止。

亚瑟·布兰克生长在纽约的中下层聚居街区,在那儿,他曾与少年犯为伍。当他15岁时,父亲去世。布兰克说:"在我的成长过程中,我一直确信生活不是一帆风顺的。"

1978年,布兰克和马科斯在洛杉矶一家硬件零售店工作时,被新来的老板解雇了。第二天,一位从事商业投资的朋友建议他们自己办公司。马科斯说:"一旦我不再沉浸在痛苦中时,我便发现这个主意并不是妄想。"

现在,马科斯和布兰克经营的家庭库房设备在美国迅猛发展的家用设备行业中处于领先地位。马科斯说:"当你绝望时,你有人生目标吗?我问了55名成功的企业家,有40名都确切地回答:有!"

一个确定了目标的人,得到的第一个巨大的好处就是其潜意识中开始遵循一条普遍的规律。这条普遍的规律就是:"人能设想和相信什么,人就能用积极的心态去完成什么。"如果你预想出你的目的地,你的潜意识里就会受到这种自我暗示的影响。它就会进行工作,帮助你到达那儿,而且你会对一些机会变得更加敏锐。这些机会将帮助你达到目标。由于你有了明确的目标,你知道你想要什么,你就很容易察觉到这些机会。天无绝人之路,这一点我们需要确信——如果人生交给我们一个问题,它也同时把解决问题的能力赋予了我们。

遗憾的是,大多数人所追求的目标只在于如何偿付每月恼人的账单,当一个人落到这样的境地就根本谈不上人生目标了。我们要记住,有什么样的目

第八章 规划人生，绘就蓝图

标就有什么样的人生，目标对于我们的人生来说，就像撒在园中的种子，如果我们不留意，有一天野草就会蔓生，它无须我们关照太多，自然会长得又快又多。如果你期望潜能得以充分发挥，那么就请你定下一个远大的目标，相信你在向它挑战的过程中，会发现无穷无尽的机会，使人生攀上另一个层次。当下的你是真正的你吗？你的潜能完全发挥出来了吗？相信你的未来会远胜于当下，现在是你下定决心给自己定出一个值得追求的目标的时候了。

摩托罗拉公司就是因追逐目标而成功的典型：就外表看，你也许会觉得美国国家品质奖是一座不太起眼的小雕像，可是它却象征着美国企业界的最高荣誉。要赢得此奖，公司必须使蓝带小组的人信服，他们能生产全国最高品质的产品。

在1988年有66家公司竞夺美国国家品质奖，竞争非常激烈。大部分参赛单位，实际上都是大公司，像IBM、柯达、惠普的某一部门。但最后夺魁的是摩托罗拉整个公司，而非单一部门。

摩托罗拉于1981年就开始竞争该奖项，它派遣侦察小组，分赴世界各地表现优异的制造机构进行考察。目的不仅是看他们怎么做，也要看他们如何精益求精。

所有摩托罗拉的员工都面临着挑战，力求大幅度降低工作中的错误率。一批以时计酬的工人，负责指出错误并有奖赏。工程师将所设计的移动电话零件数目，由1378项减至523项。结果是：错误率降低90%。但摩托罗拉仍不满意。

公司又设定了新的目标。就移动电话而言，目标是：要求所生产的电话的合格率达到99.9997%。

所有摩托罗拉员工，都收到一张皮夹大小的卡片，上面标示着公司的目标。公司还制作了一盒录像带，解释为什么99%的产品无故障仍嫌不足。这盒录影带指出，如果这个国家的每一个人，都以99%的品质来工作，那每年就会

人生的蜕变——个人深层文化意识的觉醒

有二十万份错误的医药处方,更别说会有三万名新生儿,被医生或护士失手掉落地上。到了美国国家品质奖真正评审的时候,摩托罗拉的产品品质,达到了无人可以匹敌的水准,轻易获胜。

· 这样做值得吗?赢得一枚金牌,对一名奥运会选手而言,是一辈子拥有一份永恒不变的光辉记忆。不论他是否获得厂商数百万美元的赞助,那个时刻都足以使其毕生引以为荣。然而,一家公司并不能仅凭着最高主管办公室里的一尊小奖杯,便维持对品质要求的高度执着。

1988年,摩托罗拉因减掉了昂贵的零件修复与替换工作,而节省了二亿五千万美元。收入增加了23%,利润提高了44%,达到前所未有的纪录。这样的盈余回报是令人欣慰的,也出乎原先的预期。

摩托罗拉全公司上下士气高昂。一名主管声称:"得美国国家品质奖,有一种金钱买不到的奇效。"这就是目标的效力,有什么样的目标就有什么样的成就。

有些人虽然有目标,但他们把精力放在小事情上,而小事情使他们忘记了自己本应做什么。

许多年前,某报作过300条鲸鱼突然死亡的报道。这些鲸鱼在追逐沙丁鱼时,不知不觉被困在一个海湾里。弗里德里克·布朗·哈里斯这样说:"这些小鱼把海上巨人引向了死亡。鲸鱼因为追逐小利而惨死,为了微不足道的目标而空耗了自己的巨大力量。"

因此,要发挥潜能,你必须全神贯注于自己有优势并且会有高回报的方面。目标能助你集中精力。另外,当你不停地在自己有优势的方面努力时,这些优势会进一步发展。最终,在实现目标时,你自己成为什么样的人比你

| 第八章 | 规划人生，绘就蓝图

得到什么东西重要得多。

目标的作用不仅是界定追求的最终结果，它在整个人生旅途中都起着重要作用。可以说，目标是成功路上的里程碑。

第二，目标使我们产生积极性

你给自己定下目标之后，目标就会在两个方面起作用：它是努力的依据，也是对你的鞭策。目标给了你一个看得着的射击靶。随着你努力实现这些目标，你会有成就感。对许多人来说，制定和实现目标就像一场比赛。随着时间的推移，你实现了一个又一个目标，这时你的思想方式和工作方式也会渐渐改变。

有一点很重要，你的目标必须是具体的，可以实现的。如果目标不具体或者说无法衡量是否实现得了，那会降低你的积极性。为什么？因为向目标迈进是动力的源泉。如果你无法知道自己向目标前进了多少，就会感到泄气，最后甩手不干了。

有一个真实的例子，说明一个人若看不到自己的目标，就会有怎样的结果。

1952年7月4日清晨，加利福尼亚海岸笼罩在浓雾中。在海岸以西的卡塔林纳岛上，一个34岁的女人涉水进入太平洋中，开始向加州海岸游去。要是成功了，她就是第一个游过这个海峡的妇女。这名妇女叫费罗伦丝·查德威克。在此之前，她是从英法两边海岸游过英吉利海峡的第一个妇女。

那天早晨，海水冻得她身体发麻，雾很大，她连护送她的船都几乎看不到。时间一个钟头一个钟头过去，千千万万人在电视上注视着她。有几次，鲨鱼靠近了她，被人开枪吓跑了。她仍然在游。在以往这类渡海游泳中她的最大问题不是疲劳，而是刺骨的水温。

15个钟头之后，她被冰冷的海水冻得浑身发麻。她知道自己不能再游了，就叫人拉她上船。她的母亲和教练在另一条船上。他们都告诉她海岸很近了，叫她不要放弃。但她朝加州海岸望去，除了浓雾什么也看不到。

几十分钟之后——从她出发算起15个钟头零55分钟之后——人们把她拉上了船。又过了几个钟头，她渐渐觉得暖和多了，这时却开始感到失败的打击。她不假思索地对记者说："说实在的，我不是为自己找借口。如果当时我看见陆地，也许我能坚持下来。"人们拉她上船的地点，离加州海岸只有半不足一千米。后来她说，真正令她半途而废的不是疲劳，也不是寒冷，而是因为她在浓雾中看不到目标。查德威克小姐一生中就只有这一次没有坚持到底。两个月之后，她成功地游过了同一个海峡。她不但是第一位游过卡塔林纳海峡的女性，而且比男子的纪录还快了大约两个钟头。

查德威克虽然是个游泳好手，但也需要看见目标，才能鼓足干劲完成她有能力完成的任务。因此，当你规划自己的目标时千万别低估了制定可测目标的重要性。

第三，目标使我们看清使命

每一天，我们都能遇到对自己的人生和周围的世界不满意的人。你可知道，在这些对自己处境不满意的人中，很多人都对心目中喜欢的世界没有一幅清晰的图画。他们没有改善自己的生活的目标，无法用一个人生目的去鞭策自己。结果，他们继续生活在一个他们无意改变的世界上。

曾有一位医生对活到百岁以上的老人的共同特点做过大量研究。他叫听众思考一下这些人长寿的共同因素，大多数听众以为这位医生会列举食物、运动、节制烟酒以及其他会影响健康的东西。然而，令听众惊讶的是，医生告诉听众，这些寿星在饮食和运动方面没有什么共同特点。他发现，他们的共同特点是对待未来的态度——他们都有人生目标。

| 第八章 | 规划人生，绘就蓝图

制定人生目标未必能使你活到100岁，但必定能增加你成功的机会。正如一位贸易巨子所说："一个心中有目标的普通职员，会成为创造历史的伟人；一个心中没有目标的人，只能是个平凡的职员。"

第四，目标使我们把重点从工作本身转到工作成果

不成功者常常混淆了工作本身与工作成果的基本概念。他们以为大量的工作，尤其是艰苦的工作，就一定会带来成功。但是不知道任何活动本身都不能保证一定能成功。一项活动要有用，就一定要朝向一个明确的目标。也就是说，成功的尺度不是做了多少工作，而是做出了多少成果。

关于这个概念，最好的例子是一位法国博物学家所做的一项研究的结果。

这位博物学家研究的是巡游毛虫。这些毛虫在树上排成长长的队伍前进，有一条带头，其余跟着向前爬。这位博物学家把一组毛虫放在一个大花盆的边上，使它们首尾相接，排成一个圆形。这些毛虫开始动了，像一个长长的游行队伍，没有头，也没有尾。这位博物学家在毛虫队伍旁边摆了一些食物。但这些毛虫要想吃到食物就必须解散队伍，不再一条接一条前进。

这位博物学家预料，毛虫很快会厌倦这种毫无用处的爬行，而转向食物。可是毛虫没有这样做。出于纯粹的本能，毛虫围着花盆边一直以同样的速度爬行了七天七夜。它们一直走到饿死为止。

这些毛虫遵守着它们的本能、习惯、传统、先例、过去的经验、惯例，或者随便你叫它什么好了。它们干活很卖力，但毫无成果。许多潜能未发挥出来的人就跟这些毛虫差不多。他们自以为忙碌就是成就，干活本身就是成功。

目标有助于我们避免这种情况发生。如果你制订了目标，又定期检查工作进度，自然就会把重点从工作本身转向工作成果了。单单用工作来填满每一天，这看来再也不能接受了。做出足够的成果来实现目标，这才是衡量成绩大小的正确方法。

分析你的需求并进行合理规划

个人需求也称个别需求，包含接受文化教育、知识的需求，衣、食、住、行等需求，概括起来就是精神需求和物质需求。个人需求属于社会需求的范畴。社会需求包含社会全面发展需要的人才、科技、卫生、基础建设、资源、发展环境等。社会需求是群体需求，个人需求更偏重于某个个体的需求。个人需求的整合就形成了社会需求。

分析个人需求首先要考虑其是否具有合理性，这是一个不容忽视的原则问题。如果个人需求不合理，意味着个人精神文化的迷失，客观上也会造成社会问题。这里的社会问题是指狭义的社会问题，特指社会的病态或失调现象。当今主要的社会问题有人口问题、环境问题、犯罪问题等。这些问题，究其根源都是个人需求不合理所造成的。

不合理的个人需求造成的人口问题主要表现在三个方面，即人口数量、人口质量和人口结构，其中的根本问题是人口数量问题。由于人口数量的急剧增长，导致了人口质量问题与人口结构问题。而人口数量的急剧增长，源于人们"多子多福"的思想，也就是说，人们为了"多福"这一个人需求而导致了人口的急剧增长。

第八章 规划人生，绘就蓝图

不合理的个人需求造成的生态环境问题，主要指次生环境问题，次生环境问题又包括生态破坏与环境污染。次生环境问题中的生态破坏与环境污染都是人为造成的。那么，人为什么破坏环境呢？就是为了个人需求，为了个人利益而不顾社会利益，不顾长远利益。

不合理的个人需求造成的犯罪问题，是指一些人为了达到个人目的，为了个人利益，不顾他人利益，不顾集体利益，不顾国家利益，所以造成的犯罪。

事实上，不合理的个人需求不但不利于个人理想的实现，反而极有可能导致人生的失败。那么，怎样使个人需求发挥积极的作用呢？这就要使个人需求切合实际。为此，我们需要在确立道德意识的同时，结合社会大环境以及自身条件来考虑个人需求的可行性并在此基础上合理制订需求规划。

由于个人的需求不同，个人需求规划包括很多方面。下面从学习、职业、财务、家庭教育和健康几个方面，来探讨怎样进行需求规划。

第一，合理的个人学习规划

学习是提高个人修养的根本需求。古语有云："腹有诗书气自华。"通过学习可以培养气质，陶冶情操，升华思想，激活和释放自身潜能。

要想制订好学习规划，一般要考虑以下几方面：

一是规划要尽量全面。要想真正完成好学习规划，在进行规划的时候，一定要对自己的学习生活做出全面的安排。

二是安排好学习时间。掌握好学习时间，会使学习的主动权越来越大。学习时间之外应保证社会工作时间、锻炼时间、睡眠时间及娱乐活动时间等。这样，在学习时间内才可能精力充沛地学习。如果在同样多的时间内安排了合适的内容，就会收到较好的效果。

三是长计划和短安排相结合。长计划和短安排相结合是指在一个比较长的时间内，应有个大致计划，但是，在学习上计划要解决哪些问题，心中应当有数,应把一个在短期内无法完成的学习任务分到每周、每天去。这样,有了具体的短安排计划,长计划中的任务可以逐步得到实现;有了长计划,就可以在完成具体学习任务时具有明确的学习目的。

四是从实际出发来制订规划。在订规划的时候,不要脱离了自己的实际情况。实际情况主要指自己的知识和能力,每个阶段的学习时间,学习上的缺欠和漏洞,实际进度等。从实际出发还要注意不要平均使用力量,要抓住重点。

五是规划要留有余地。规划终归不是现实,而只是一种可能性。要想使规划成为现实,还要经过一段很长的努力过程,在这个过程中自己的思想会发生变化,学习的各种条件也会发生变化,所以即使规划订得再实际,也不免出现估计不到的情况。所以,为了保证规划的实现,订规划时就不要太满、太死、太紧,要留出机动时间。

六是注重效果,不断调整。在规划执行到一个阶段之后,就应当检查一下效果如何,如效果不好,应找到原因,及时调整。主要检查规划提出的学习任务是否已经完成?自己是否基本按规划实施?学习效果如何?没有完成规划的原因?通过检查,立即采取相应的措施,及时改变规划中的不合理部分。

科学的、实际的个人学习规划,只要认真去执行,必将促进你的学习,提高你的修养,增强你的信心。

第二,合理的个人职业生涯规划

要想自己的职业规划合理,就要先找准自己的职业定位,找到能够发挥自己优势和特长的职业,才能让自己有好的回报。成功的职业生涯规划,主要考虑以下几个方面因素:

一是你的兴趣是什么?你曾经想成为什么样的人?你对哪些知识比较有感觉,能够深入发展下去?

第八章 规划人生，绘就蓝图

二是你的性格适合做什么？不同的工作，适合不同性格的人去做。认清楚自己的性格，是非常重要的一步。

三是你的优势和特长是什么？有哪些拿得出手的能力？对于自己欠缺的能力，应该怎样去做？

四是你性格本身存在哪些弱点需要克服？不要让弱点成为你成长中的绊脚石。

把上述因素考虑进去，相信就能制订一份合理的个人职业生涯规划。

第三，合理的个人财务规划

做好个人财务规划一般包括以下内容。

一是投资规划。投资规划是根据自己的投资理财目标和风险承受能力而制订的资产配置方案，是构建投资组合以实现理财目标的过程。需要考虑的因素包括投资理论、固定收益证券分析、股票投资、期货投资、外汇投资以及投资管理与资产配置等。由于投资规划涉及很多专业知识，建议最好在专业理财师指导下进行。

二是居住规划。"衣、食、住、行"是人生最基本的四大需要，其中"住"又是四大需要中期间最长、所需资金数额最大的一项。在个人财务规划中与"住"相对应的是居住规划。针对自用住宅的规划，主要包括租房、购房、换房与房贷规划几大方面。规划是否合理会直接影响个人及家庭资产状况与现金流量的状况。居住规划首要需要决定是以租房还是购房来满足居住需求的。如决定要购房，就要以当前的资产实力及收入和储蓄水平为基础衡量可以承受的最高房款额，从而计算出首付款和房贷。然后根据经济能力、计划购房的时点、房屋面积和区位，选择合适的房产项目。当然中意的房产项目不能一时拿下，又不能等到资金准备充足后一次完成购房梦想的，也可以根据规划循序渐进地换房以满足居住的需求。

三是教育投资规划。对家庭教育的投资包括夫妻双方自身的教育投资和针对子女进行的教育投资。个人教育投资涉及现有家庭或未来家庭的方方面面因素，一般需要在专业理财师的帮助下综合考虑。

　　四是个人风险管理和保险规划。人的一生很可能会面对一些不期而至的风险。根据风险损害对象的不同，这些风险分为人身风险、财产风险和责任风险。为了规避、管理这些风险，人们可以通过购买保险来满足自身的安全需要。除了专业的保险公司按照市场规则提供的商业保险之外，由政府的社会保障部门提供的包括社会养老保险、社会医疗保险、社会失业保险等在内的社会保障以及雇主提供的雇员团体保险也都是个人或家庭管理纯粹风险的工具。在个人财务规划中，经常使用的商业保险产品包括人寿保险、意外伤害保险、健康保险、财产保险、责任保险等。

　　五是消费支出规划。消费支出规划主要是基于一定的财务资源下，对个人及家庭消费水平和消费结构进行规划，以达到适度消费、稳步提高生活质量的目标。

　　六是退休计划。退休计划是一个长期的过程，不是简单地通过在退休之前存一笔钱就能解决的，因为通货膨胀会不断地侵蚀个人的积蓄。个人在退休之前的几十年就要开始确定目标，进行详细的规划，否则不可避免地要面对退休后生活水平急剧下降所导致的困境。

第四，合理的个人健康规划

　　健康规划应该尽早制订，日常生活要注意细节：不要养成不好的习惯，甚至恶习，不要放松，切记做到防微杜渐，制定好运动时间，要坚持，还有要有规律地生活。做到这些，身体才会更健康。

　　一是养成良好的生活习惯。要培养一个好习惯，首先必须要研究它的重要性，因为只有明白了它的重要性，才会有培养这个习惯的强烈愿望。其次是对所培养的习惯进行必要性，可行性的分析。否则，头脑一热，盲目地去做，常常会半途而废。最后是培养好习惯，要对准备培养的生活习

第八章 规划人生，绘就蓝图

惯进行统筹安排。这样可以分清主次，明确先后，然后有步骤地去培养，就会更有成效。

二是坚持锻炼身体。首先要全面锻炼，注重实效。锻炼身体的项目繁多，所以在选择锻炼项目时，应从这个目的出发，不能单凭个人的爱好和兴趣。其次要坚持不懈，持之以恒。要锻炼身体，磨炼意志，就必须坚持不懈，持之以恒。那种"三天打鱼，两天晒网"或"一曝十寒"的做法是不会有任何成效的。最后是循序渐进，逐步提高。锻炼身体要遵守循序渐进的原则，要防止和克服蛮干或急躁情绪，只有这样才能收到实效。此外还要加强体育保健，学会一些简单的身体检查方法。如体验自我感觉、关注睡眠情况、是否有良好的食欲、测体重和脉搏，等等。

三是要有规律地生活。要想活得健康、幸福而又快乐，在生活中就必须要有良好的规律。如重视人体生物钟的规律和大自然的规律安排自己的作息时间，最好是日出而作日落而息。再如注重养生，等等。

第五，家庭教育规划

现在的家长教育孩子，从是否有计划来看，大致有三种情况。一种是无计划，随意性进行教育。孩子考试不好教育一通，孩子打架了教育一通；或者是家长忽然心血来潮，想给孩子"上上教育课"，于是把孩子叫到跟前，滔滔不绝地讲起来，讲得孩子晕头转向。第二种是有计划，但缺乏科学性，是家长主观的计划。正因为家长主观地安排孩子的各项学习活动，许多小学生比大学生上的课还多，孩子疲于奔命，脑子里的东西像吃得过饱撑着了似的，根本消化不了。有的家长也东一趟西一趟地跟着忙。这样的教育计划带有很大盲目性，效果肯定不佳。第三种是讲科学的教育计划，特点是从实际出发，注意全面发展，安排有张有弛，重视调动孩子的积极性。下面，我们具体讲讲怎样制订科学的教育计划。

一是制订教育计划的依据。制订教育计划应从实际出发。一方面是孩子的年龄特点。小学低年级的孩子自理能力不强，家长应帮他们具体安排，保证有充分的玩儿的时间，一次学习时间不超过20分钟，主要要求学要专心，玩儿要开心，一般不在外面报什么班。如孩子确有某种爱好，可以参加学习，次数不宜过多。小学中年级开始，要指导孩子自己订计划，让他留有余地，目标不宜太高，时间不宜太满。家长督促检查，及时评价。家务劳动、自我服务劳动也要让孩子适当地增加。小学高年级和初中的孩子，自我意识越来越强，家长应给他们更多的主动权。另一方面是孩子的个性特点。每个孩子的特点不同，智力因素、非智力因素发展水平不同，身体健康状况不同。家长应认真分析自家孩子的长处和短处，有针对性地制订教育措施。比如孩子观察力不强，可以在一个阶段侧重培养观察力；如果口头语言表达能力不及别的孩子，就应在训练口头表达能力上下些工夫；如果孩子胆子太小，就应采取措施培养孩子的胆量……这样有针对性地进行教育能够有效地促进孩子的全面发展，促进孩子进步。还有就是学校和班级的教育安排。家长可通过家长会或单独与班主任联系，了解学校、班级各阶段的工作重点。家长要积极配合学校，突出重点教育，而且应及时跟教师交流情况，形成家庭与学校的教育合力。以上三方面结合起来，会使我们的家庭教育计划避免盲目性、随意性。

二是订教育计划的方法和步骤。制订家庭教育计划，应郑重其事，具体做法分五个步骤。其一是父母共同分析孩子的情况，结合学校、班级的要求确定一个时期的教育重点和具体措施。其二是和孩子一起讨论教育计划，得到孩子的认同，孩子有合理的修改意见，应该采纳。其三是制订检查措施。家庭教育计划和孩子的学习计划有关系，但不是一回事。家庭教育计划是家长的任务，家长应有对自己的检查措施，这本身对孩子也是一种教育。其四是把计划写出来，放在明显的地方，也可以贴在墙上。其五是把教育计划告诉老师，请老师配合。

| 第八章 | 规划人生，绘就蓝图

总之，人们制订各种规划时，都要从实际出发，既要满足个体需求，又要具有一定的合理性，符合社会大环境的要求。在诸多规划中，职业生涯规划是比较常见，也比较复杂的规划，以下几节将重点介绍这种规划的制订。

分析自己的性格适合做什么

都说性格决定命运，其实性格首先决定的是一个人的职业命运，即决定着一个人的职业适应性和职业成就。性格是一个人的职业素质中比较核心、比较稳定的内容。

之所以说性格是具有稳定性的，首先是因为性格的形成具有一定的遗传性，这些先天的生理、心理特质，若想后天去改变它是很困难的，即使发生了所谓的改变，也是短暂的，且不可能是根本性的，不久之后，一切都很容易又恢复到他的"本性"上去。其次，人格的形成具有早期决定性。精神分析学中有一个观点认为一个人的基本性格形成于他的儿童时代，差不多在他六岁左右就已经成形了，后来改变的可能性微乎其微。其实，中国民间早就用一句"三岁看大，七岁看老"的俗语，道出了精神分析学得出的这一研究结论。

瓜籽儿能种出瓜来，而不可能成为豆啊或者别的什么，这是基因决定的，生物界所有的本性，都首先来自基因。同样，让一个人去从事一份与自己的本性相违背的工作，从心理学的意义上说，只能长期给别人制造麻烦，给自己带来痛苦；从经济学的意义上说，既浪费个人资源，又糟蹋社会资源。很多人从事了与自己的性格不相吻合的工作，因此造成了天文数字的资源的浪费，这些又有多少人真正在意过？

因此，你一定要了解你的性格是否适合你的职业，你一定要了解根据你的性格在你现在的职业中到底能有多大发展。

第一，分析你的职业性格

职业性格是个人职业生涯规划必须给予认真分析的先决条件，只有弄清楚自己能够干什么，才能够规划自己应该干什么。

职业是一个人的安身立命之本、成就自我之途，选择了一种职业，意味着选择了一种生活方式，选择了一种人生状态。人在进入职场之前所受的教育，大多是为从事一种职业做准备的；而一个人即使离开了职场，退休了，他的身上仍然存留着终生都抹不掉的职业印记。职业之事，可谓大事，不可不慎。对自身的职业性格有所了解，对人们不走错路、少走弯路，实在是非常有必要的。

第二，分析你的性格是否与职业相适应

只有真正意识到自己的职业性格决定着工作绩效和未来的职业成就，我们才会找到真正适合自己的职业和职位。

求职者经常陷入社会心理学所谓的"社会期许效应"，从而导致自己的求职失败。注意，这里的失败并非只是你被淘汰，还指你得到了一个你并不理解其岗位性质，因而终究在不久的将来成为"鸡肋"的职位。

所谓"社会期许效应"，即是指任何组织都必须甄选出其性格与岗位相适配的成员，才有可能实现这个组织特定的任务和目标。所以，对一个人的职业性格做出准确的评鉴，是一个组织甄选合适人才的重要步骤。

第三，分析你的性格在这个组织中是否能为你赢得职业发展空间

一个人在考虑是否进入某个组织之前，就应该对这个组织中的各种岗

第八章 规划人生，绘就蓝图

位特性、自己提升的可能性作一次认真的思考。如果漫无目的地或像散发传单一样地投递简历，即使找到了工作，对你也并不见得是一件好事。因为，企业或诸如政府机关、军队、学校、医院等各种组织，当考虑到人员晋升、调任的时候，职业性格与岗位的适应性，是肯定会给予充分考察的重要问题。

简单来说，就是在你投出简历或前往应聘的时候，应该再次审视一下自己的性格，并将自己的性格与这个目标组织中的目标岗位联系起来，郑重其事地自问一次："这里有我的发展空间吗？有多大的空间？"如若不然，你在这家单位的经历，不可能太愉快。你与你所选择的组织之间，如同从恋爱到结婚，试想，如果双方都是领了结婚证之后，才发现当初实在是彼此看走了眼，即只看到对方的实力与魅力，却从没好好琢磨一下一起过日子是不是合得来，眼见着今后的日子不是芝麻开花节节高，而是路越走越窄，前途越来越迷茫，这对双方来讲都不是什么好结果。

第四，分析你的性格是否与团队里其他人的性格有互补性

任何一个团队的组合都必须充分考虑到成员之间的职业性格是否具有互补性。性格上的互补性，不论对于人力资源管理中的招聘与用人，还是对于一个人决定是否选择进入一个团队，都是需要认真考虑的。由一批优秀的人组成的团队，有时候很可能是糟糕透顶的团队。跟同事处不来而离开一个单位的人，还少见吗？既然处不来，当初倒不如不进去？

"性格合不来"不但是夫妻之间导致分手时常说的一句话，也是同事之间是否能够产生良性互动，个人在工作中是否能够创造业绩的重要因素，因此不可不察。与完全不合适的人在同一个团队中工作，是一件很郁闷、很痛苦的事，有时候甚至会发生悲剧。相反，一些员工宁可留在某一家收入相对低一些的公司工作，而不愿跳槽去另一家收入更丰厚的公司，这有时候就跟他留恋这家公司中有很多相处得来的"哥们"，颇有关系。

第五，从三个侧面分析你的性格

性格具有整体性，我们应从不同的角度、不同的侧面去分析它，总结起来，主要包括如下三个方面。

一是你的人性。人性也就是所谓人类的本性。人类具有很多共同的本性。比如：人有群居的本性，每个人都希望与他人一起生活，并将自己归属于某个社会群体；几乎所有的人都不能忍受被隔离、被禁闭；每个人都会发脾气；人都有或多或少的好奇心；哪怕是杀人魔王也有"软心肠"的时候，这就是孟子所说的"恻隐之心，人皆有之"；我们常说"爱美之心，人皆有之"，说的就是爱美是人的共同本性之一……别以为你身上所具有的人类本性与你的职业适应性、职业成就无关。上述种种本性，如果其中有某些在你身上无从体现，你的整个人生就可能已经出了大问题了，更何况职业成就。

二是你的性格的唯一性。据说，世界上没有两片叶子的大小、图案是完全相同的，没有两瓣贝壳的图案是毫无二致的，没有两张指纹线条图案是完全重复的，哪怕是双胞胎也没有两张面孔是完全无差异的。因此，任何一片树叶、任何一瓣贝壳，都有其"唯一性"。人性也是如此，一方面我们认同了"人同此心，心同此理"；另一方面，我们也知道"人心不同，各如其面"，即每个人都有不同于其他任何人的、独特的、不可重复、不可替代的特征。

三是你的个体差异与群体差异。例如在周末，有的人喜欢社交和聚会，而你却宁愿一个人安静地读书；你的同事喜欢玩登山、蹦极这类冒险游戏，而你则尽量避免这类冒险；你周围的人总是充满自信，甚至常常得意扬扬，而你却发现自己其实更经常的是忧心忡忡，充满焦虑。群体差异是指一个人与其所在的群体其他成员是相似的，但与其他群体成员明显不同。一个群体中的人们具有某些共同的人格特征，这些特征使得这个群体

| 第八章 | 规划人生，绘就蓝图

中的人不同于那个群体中的人。职场中的许多误解，许多矛盾，许多令人哭笑不得的搞怪事，也由于不同群体的性格差异引起，你对此完全不了解还真的不行。最基本的群体差异是男性群体与女性群体的两性差异，此外，最普遍的群体差异是由教育程度、经济状况等造成的，群体差异当然也是职业性格的一种体现。

人的性格倾向，就像分别使用自己的两只手写字一样，都可以写出来，但惯用的那只写出的字会比另一只更好。每个人都会沿着自己所属的类型发展出个人行为、技巧和态度，而每一种也都存在着自己的潜能和潜在的盲点。因此，每个人在选择职业之前，一定要先认真分析自己的性格类型，找出自己性格中的优势和不足，根据自己的性格选择最适合自己的职业和职位。

善于根据兴趣规划自己的职业

有人曾经提出这样的问题：根据性格选择职业好，还是根据兴趣选择职业好？我们的回答是：根据兴趣选择职业是最好的，因为你可以将你喜欢的事情做好，兴趣是成功的关键，只有你喜欢自己所从事的工作，你就可以将你的想象力，创造力全部发挥在出来，往往能够取得不小的成就。事实上，善于根据兴趣确定自己的职业，并以此推销自己的优势是择业成大事者的起点。罗素说过，他的人生目标就是使"我之所爱为我天职"。也就是说，他要把生活中最感兴趣的事作为职业。这的确是个值得效仿的榜样。

第一，充分认识兴趣的重要作用

在你进行人生规划、绘制未来蓝图的时候，首先要问问你自己的兴趣所在。所谓兴趣，是指一个人力求认识某种事物或爱好某种活动的心理倾向。一个人如果能根据自己的爱好去选择事业的目标，他的主动性将会得到充分发挥，即使十分疲倦和辛劳，也总是兴致勃勃、心情愉快；即使困难重重也绝不会灰心丧气。爱迪生就是个很好的例子。他几乎每天都在实验室里辛苦地工作十几个小时，在那里吃饭、睡觉，但他丝毫不以为苦，难怪他会成大事。

第二，发现和准确判断自己的兴趣所在

很多人往往很难一时弄清楚自己的兴趣所在、擅长什么，这就需要你在实践中善于发现自己、认识自己，不断地了解自己能干什么，不能干什么，如此才能扬长避短，进而成就大事。作家斯贝克一开始并没有意识到自己会成为作家，他曾几次改行。开始，因为他身高一米九，爱上了篮球运动，当上了市男子篮球队员。不久，他因为球技一般，年龄渐长，又改行当了专业画家。可是他的画技也无过人之处，当他给报刊绘画时，偶尔也写点短文，后来他终于发现了自己的写作才能，从此走上了文学创作的道路。

发现和准确判断自己的兴趣所在，可以通过对自己的经历进行回顾。在此基础上，将自己的兴趣归于某种兴趣类型。并与相应的职业对比，这样才能帮助你选择适合自己兴趣的职业。

第三，了解兴趣与各种职业之间的关系

人的兴趣一般有以下十一大类型，对于各种兴趣与各种职业之间的关系，国内学者根据《加拿大职业分类词典》作了如下分类。

一是兴趣类型A。愿与事物打交道。喜欢同具体事物打交道，默默无闻，埋头苦干。相应的职业诸如制图、地质勘探、建筑设计、机械制造、计算机操作、会计、出纳等。

二是兴趣类型B。愿与人接触。喜欢同人交往，结交朋友，对销售、公共关系、采购、信息一类活动感兴趣。相应的职业如推销员、公关人员、记者、咨询人员、教师、导游、服务员等。

三是兴趣类型C。愿干规律性工作。喜欢常规性、重复的、有规则的活动，习惯在预先安排好的程序下工作。相应的职业如图书管理员、文秘、统计、打字员、公务员、邮递员、档案管理员等。

四是兴趣类型D。喜欢从事帮助人的工作。乐于助人，试图改善他人状况，帮助他人排忧解难。相应的职业如福利工作、慈善事业、医生、律师、保险员、护士、警察等。

五是兴趣类型E。愿做领导和组织工作。喜欢掌管一些事情，希望受人尊敬并获得声望，在活动中时常起骨干作用。相应的职业如政治家、企业家、社会活动家、行政管理、学校辅导员等。

六是兴趣类型F。喜欢研究人的行为。对人的行为举止和心理状态感兴趣，喜欢讨论人的问题。相应的职业如社会学、心理学、人类学、组织行为学、教育学、政治学等方面的研究和调查分析工作。

七是兴趣类型G。喜欢钻研科学技术。对分析的、推理的、测试的活动感兴趣，善于理论分析，喜欢独立工作并解决问题，也喜欢通过试验做出新发现。相应的职业如气象学、生物学、天文学、化学、地质学等研究和实验工作。

八是兴趣类型H。喜欢抽象的和创造性工作。对需要想象力和创造力的工作感兴趣。喜欢独立工作，乐于解决抽象问题，具有探索精神。相应的职业如哲学研究、科技发明、经济分析、文学创作、数理研究等。

九是兴趣类型I。喜欢操作机械。对运用一定技术、操作各种机械去创造产品或完成任务感兴趣，喜欢使用工具，尤其是大型的、马力强的先进机械。相应的职业如：飞机、火车、轮船，汽车的驾驶、机械装卸、建筑施工、石油、煤炭的开采等工作。

十是兴趣类型J。喜欢具体的工作。希望能很快看到自己的劳动成果,愿从事制作有形产品的工作。相应的职业如室内装饰、时装设计、摄影师、雕刻家、画家、美容美发、烹饪、机械维修、手工制作、证券经纪人等。

十一是兴趣类型K。喜欢表现,喜欢经常变动、无规律的但具挑战性的工作。相应的职业如演员、运动员、作曲家、旅行家、探险家、海员、职业军人、警察等。

在了解了兴趣与各种职业之间的关系之后,对自己的兴趣进行有效评估,以此准确把握你的兴趣所在,确定一份使你自己感兴趣的工作。

明确自身条件的优势和劣势

每个人在人生的道路上都会遇到诸多困惑和问题,如何面对,如何解决,如何正确看待自身优势与劣势,对于人生的成长有着方向标作用。

在思考自己的职业发展时,首要的并不是急于判断如何去做,而是先认清自己。好的职业规划虽不见得能确保自己的成功,但至少可以使自己避免走太多弯路。

那么,如何把握好自己的优势呢?关键在于扬长补短,在充分权衡优势、劣势、机会和威胁的基础上找出适合自己的基本策略。

第一,知道自己的优势所在

所谓"优势"主要分为个人优势和资源优势。个人优势指的是纯粹属

第八章 规划人生，绘就蓝图

于你个人的因素，不随外界因素变化而变化的优势，比如你很聪明，又比如你很漂亮，比如你口才很好，你交际能力出众，你具备某些文艺体育类的特长，你很容易在给人以信赖感，或你在大学时系统地读过一些书，掌握了某一领域较系统的知识，这些都是优势，你很容易就能把握到。

资源优势涉及的因素也很多，包括人脉资源、财力资源、品牌资源、知识资源等。比如受家庭的影响社交范围很广，比如你无意中认识了一些有能力的朋友，比如你家里可以直接给你一大笔钱用作投资、创业，比如你所在的学校是名牌大学，口碑很不错，比如你所学的专业刚好市场稀缺等。

第二，找出自己的劣势

劣势，即相对于优势而言，你恰恰很欠缺的地方。找出劣势，对于战略规划的意义也非常重大。在了解自己能做什么之前，应先了解自己最好不要做什么，可能遇到什么麻烦，在懂得做加法之前，应先学会做减法，这样可以帮我们减少挫败的概率。

比较常见的劣势如不善言词，害羞，粗枝大叶，知识贫乏，专业冷门或太过热门。有些较通行的劣势，如缺乏经验，自我期望较高并因此造成职业的不稳定性，许多不良习惯如懒散、易抱怨、不关心他人或其他基本素质方面的问题等。

第三，关注可能出现的机会

所谓机会，主要指外界而言，包括"出国""进修""考研""对口实习"等机会。宏观上包括国家的经济形势、产业政策、法律法规、各区域的产业发展态势、行业发展趋势等，微观上包括搜集到的来自各企业、政府部门、人才市场、学校或学长们提供的各类有利的信息。

第四，预知可能的威胁

所谓威胁，包括人才市场竞争激烈，人才需求饱和，所学专业领域过缓的增长甚至衰退，新的低成本竞争者，人才需求方过强的谈判优势，新提高的职业门槛等，也包括来自自身的，比如身体健康隐患，家庭不稳定因素，糟糕的财务状况及还款压力等。

在明确了自身的优势和劣势，自身所面临的机会和威胁之后，就要认真权衡，慎重选择，为自己确定合理的职业发展方向。

如何制定职业目标

你想在十年之后，五年之后，或者一年之后的今天在哪，在干什么？这些都是你的目标。很多人认为设定人生目标就是找一些遥遥无期的梦想，但永远不会实现。这些人之所以这样设定人生目标，一是因为这些目标制定得不够详细；二是它始终只是一个目标，而没有相应的行动方案。

职业目标是个人职业规划的首要内容，是人生的指南。有了目标，便有了人生奋斗的方向。职业目标包括长期目标、中期目标和短期目标。

定义你的目标是一件需要你花费很多时间仔细考虑的事情。下面的步骤可以让你开始这样的工作。

第一，写出一个你的人生目标的清单

人生目标是一件重要的事，换句话说，就是你的人生抱负，不过抱负听起来总像一种超出你可控范围的事情，而人生目标是，如果你愿意投入精力去做，就可能达到的。因此，你这一生真正想要的是什么？什么是你真正想去完成的事情？什么事情如果你突然发现你不再有足够的时间去完成的时候，会后悔不已？这些都是你的目标，把每个这样的目标用一句话写下来。

第八章 规划人生，绘就蓝图

如果其中任何目标只是达到另外一个目标的关键步骤，就把它从清单中去掉，因为它不是你的人生目标。

对于每一个目标，你需要设定一个你认为合适的时间框架。这就是你的十年计划，五年计划，还有你的一年计划。其中一些目标可能会因为你的年龄、健康、经济状况等原因有"搁置期"，这些用来完成目标的因素你需要花一些时间来达成。

为了做好上述工作，需要从以下方面着手：

一是自我分析，主要是分析自己的专业、性格、气质和价值观等，找出自己的特点。

二是对自己所处的内外环境进行分析，确定自己的位置。

三是根据上面的分析结果，选定职业和职业生涯路线。

四是确定职业目标，并把该目标详细地写出来。通常是先制定自己的人生目标和长期目标，然后再把人生目标和长期目标进行分解，根据个人的经历和所处的环境制定相应的中期目标和短期目标。

五是制订相应的行动计划和落实措施。

第二，个人长期职业目标和人生目标的制定

在大多数情况下，长期职业目标和人生目标只是一个轮廓，不具体，可能随着企业内、外部形势的变化而变化，所以在制定这些目标时宜以勾画轮廓为主。

制定个人长期职业目标和人生目标需注意以下几点：

一是人生目标、长期目标要远大，不要求具体、详细。

二是能够配合工作环境的需求。

三是在符合自己的价值观的基础上，与社会发展需求相适应。

四是放眼未来，推测可能的职业进步。

第三，短期目标和中期目标的制定

在确定了长期目标后，把其具体化、现实化、可操作化，就形成了中期目标和短期目标。长期目标、中期目标和短期目标有机地联系在一起就形成了个人的职业目标体系。

一是短期目标必须清楚、明确、现实和可行。

二是每一短期目标设输出目标和能力目标。

三是中期目标中要有明确的对目标的描述和明确的实现目标的时间。

四是中期目标应既有激励价值，又要现实可行。

第四，在确定目标的过程中应注意的问题

一是目标要符合社会与组织的需要。

二是目标要符合自身的特点，并使其建立在自身的优势之上。

三是目标要高远但绝不能好高骛远。

四是目标幅度不宜过宽。

五是注意长期目标和短期目标相结合。

把所有的目标完成时间点写在你的进度表上，这样你对要完成的事情就有了确定的时间。现在检查你的整个人生目标，然后制定你这周、这个月和今年的时间进度表，以便你自己可以按照预定的计划去完成你的目标。在一年的结尾，对你一年之内对目标的完成情况进行总结，回顾你在这一年里面所做的，划掉你在这一年里面已经完成的，计划你在下一年里面所要完成的。

比如说可能你需要花很多年的时间去完成一次职位提升，因为你先要去找一份兼职工作以保证你可以获得更多的钱供你去上完一个在职课程以拿到MBA学位，因为只有这样，你才可能获得职位提升。但你最终会到达你的目标，因为你不但计划好了你要得到什么，并且也计划好了要如何去得到，在得到之前你要做哪些步骤。

| 第八章 | 规划人生，绘就蓝图

总之，在制定人生目标和长期目标时，要多考虑一些自身因素和社会因素，而制定中期目标和短期目标时，则要更多地考虑组织因素。通过制定个人的长、中、短期目标，就形成了完整的个人目标体系。

年轻人如何避开职业规划过程中的观念误区

强调人生规划的重要意义主要是针对年轻的一代，而年轻的一代大多都是现在的大学生。因此，帮助大学生避开人生规划过程中的观念误区是本文的主旨。事实上，大学生的就业问题从来没有像今天如此的被社会各界所重视，大学生职业生涯规划这个理念也是被三番五次地炒作，身处校园净土的天之骄子们也在跃跃欲试地规划着自己的职业生涯，这本来是一件好事，因为当国外在从娃娃抓起就了解职业、探索职业时，国人的职业意识是在不得不找个工作的前夕——大四时才被提上认识和了解的日程的，这不可避免地延长了大学生职业发展的时间，加大了大学生的职业发展的机会成本。我们在这里姑且不说大学生为什么这么晚才开始了解职业规划的，我们仅从在大学生在探索职业发展职业的阶段来分析一下大学生的观念误区，因为在职业发展上对规划职业生涯的总结是"只要起步，永远不晚！"

在职业规划的探索过程中，大学生集中表现出了以下七个观念误区。

误区之一：职业规划就是职业生涯规划

很多大学生把职业规划和职业生涯规划相混淆了，认为职业规划就是职业生涯规划。其实不然，文字上的不同已经明确了其不同的含义。

职业规划就是通过规划的手段来找到适合自己的职业的过程。找到适合自己的职业是职业规划的核心标志，这个适合就是在更多地分析自己的基础上综合考虑外在环境的情况下做出判断的，适合的简单判断就是"人职匹配"，这其中要分析三个因素，一是"人"，"人"就是大学生自身，由包括性格、理想、价值观、道德等的内在因素和专业、知识、经验、技能等的外在因素所组成，分析"人"就是分析自我的内、外两方面。二是"职"，"职"就是行业、职业、企业、职位等外在因素（简称为三业一位），三是匹配，匹配就是"人""职"互动的和谐适应。"人""职"互动有两个因素要考虑，第一是工作方式，第二是生活方式，这两种方式的适应是判定匹配的关键标志。从寻找适合职业的角度上说，把职业规划称为规划职业更容易理解其所代表的含义。

职业生涯规划，简单地说就是规划你从开始工作到退休的整个职业历程。职业生涯是你从事工作的所有的时间，职业生涯规划包括职业规划、自我规划、理想规划、环境规划、组织规划等。规划职业生涯的目的就是争取最大的收益，达到少走弯路，不走错路，避免走回头路的职业探索与奋斗征程，能够通过选择走最佳的路径来实现职业理想。其实，职业生涯规划的重要意义在于，一是可以最快、最佳地实现职业理想，从而实现职业上的自我价值，二是因其职业理想的实现对个体生涯其他理想的促进和实现。所以在一定程度上可以说，职业生涯规划就是为了实现职业上的理想来推动人生其他的理想的实现。也就是说，职业生涯是人生最大的生涯，职业生涯对人的生涯的影响也是最大的，我们所熟知的判断别人是否成功的一个很普遍的标志就是这个做什么工作的，工作做到了什么程度。

两者之间的关系用数学上的集合概念来说就是，职业规划包含于职业生涯规划。

第八章 规划人生，绘就蓝图

误区之二：职业规划是功利的行为

有这种观念误区的大学生一般都会认为大学是一个完善自我、塑造自我的一个精神殿堂，而不应该功利地为了毕业后找到个工作就注重对知识、技能的学习，而忽略了艺术、精神的发展。

职业规划是为了找到适合自己的职业，如果可以在大学阶段更充分为日后的职业发展而准备，那就可以相应地加快个人的职业发展历程。找到了适合自己的职业就可以较好地发展自己的职业生涯，职业生涯的有利发展也会促进个人生涯的发展。我们可以看到，职业就是人生最大的课题。所以说，在大学阶段规划职业也是对人生负责的一种表现。

误区之三：职业规划就是找到赚钱多的好工作

就职业规划和好工作的关系而言，职业规划是要找到适合自己的职业，那这个职业是否就是赚钱多的工作呢？这不一定。因为职业规划的出发点首先是适合大学生，其次才是薪水高。适合大学生自身的工作才是职业规划的宗旨，而职业规划外的任务才是找到一个既适合大学生、薪水又高的工作。所以说，职业规划的首要任务是找到适合的工作，除此之外才是追求高薪水。

适合的工作和高薪水的工作又有什么关系呢？这里有必要把这两者的关系澄清一下。如果你真的找到了适合自己的职业，那你最终一定可以拿到高薪水的，只是时间和精力的问题，因为在适合自己的领域工作，你会把自己的主动性和创造性淋漓尽致地发挥出来，那业绩提升的同时必然是薪水的增长。而单纯的不适合自己的高薪水工作，会让你在拿着高薪水的无聊中把自己的创造性毁灭，从而会因不喜欢而导致工作的不胜任或懈怠，最终也会因业绩下滑而导致薪水跳水。所以说，适合的工作可能因为暂时的不胜任而拿低薪水，但从长远的职业发展角度讲，一定会步步高升，"薪薪"向荣的。

误区之四：计划没有变化快，还是走一步算一步好

计划是一种较主观的思考安排，而规划则是将主客观因素都考虑到的一项思考统筹安排。我们说职业规划是考虑了自我、环境、学业、理想、通路等影响职业生涯发展的各种因素后，结合自身理想价值追求而确定的路径安排，并且融合了职业判断、职业创新、自我管理等修正步骤在内的系统分析方案。而计划就没有这么缜密和全面了，计划更多的是表现为头脑一热，大腿一拍就草率确定的主观行为，我们可以在众多大学生安排寒、暑假的生活中来明确这个区别，假期——计划落空的日子，这就表现为计划，一方面透露出了计划的不周密，另一方面也暴露了自我管理的不严格，当然还有其他的因素在里面。但如是规划呢？那就会在事前把自律性差，环境不具备等因素考虑进去，并制订相应的应急方案。可以说，如果规划制订得不严密就往往会沦为计划，而缜密的计划就是规划。要澄清的是，计划和规划的区别并不仅仅是以执行的最终结果为判断依据，而是以考虑得全面周到与否和执行应对严格与否来区分的。制订了规划之后，随着问题的出现，如考虑不周到，执行不到位，修正不及时，潜在问题不断暴露，部分大学生就会有放弃规划而产生顺其自然的想法。他们在想，既然制订了规划，也不是那么有效果，还不如踏踏实实地走好当下的每一步好呢。规划出了问题不一定是规划本身的问题，很可能是制订者本身的问题，如果说你的规划总是赶在了变化之后，那只能说明你的规划是失败的，是有缺陷的，但你不能由此得出规划不如变化快的结论。

变化本身就是在规划中要考虑的因素和步骤，换句话说就是最坏的结果或最大的问题也是应该预料到的，即使预料不到也会通过修正步骤及时发现的，即使不能及时发现也会通过应急方案来予以解决的。所以说，变化是逃不过规划的，除非你没有考虑变化就规划，而没有考虑变化的规划是不能够叫规划的，最多可以称为计划。

误区之五：职业规划与大学学业是不相关的

在生活中我们都知道"罗马不是一天建成的"，同样的"罗马也不是

| **第八章** | 规划人生，绘就蓝图

一天毁灭的"，从中我们可以了解到无论是个人还是国家的成就与衰败都是长期积累而导致的。再说个生活的小例子，大家知道，水果腐烂不是因为坏了很大的面积才会腐烂，往往只要有个很小的地方受伤就会腐烂变质，从而导致整个水果都坏掉。那大学生在职业上呢？在今天这个大学生就业无比严峻的时期里，一些大学生毕业时往往就面临了失业。我们不说什么有业不就，主动失业的特殊案例，就说那些想找工作但却找不到工作的大学生们，他们在失意的时候往往在抱怨专业不好，抱怨学校太滥，抱怨大学扩招，抱怨企业太挑剔，抱怨家里没有社会关系，他们唯独没有回头看看自己的大学生活是怎么过来的？自己当初是怎么定义大学的？自己又是怎么安排大学生活的？

毕业找到好工作的同学并不只是在大四时才准备的，找不到好工作的同学也不只是大四才开始沉沦的，无论毕业时的就业结果怎样，那都是对你大学四年的总结和印证。所以说，大学学业怎样安排是直接关系到你毕业后的出路的，而且会在很大程度上影响你的职业规划以及职业前程。

误区之六：职业规划和日常生活是两码事

职业影响生活，你所选择的不同的职业会直接导致你的生活方式的不同。如你做教师和做公务员，做营销和做管理的工作是不一样的，教师的作息时间是有寒、暑假的，但公务员就没有了；营销讲求的是在推销自我中赢得客户，而管理追求的是在组织平衡中谋得最大效益。职业对生活上的影响是显而易见的，教师在安排旅游度假时是可以把寒、暑假考虑进去的，但公务员就不能了；做营销要经常在晚上和客户交流，节假日要拜访客户，是要在情感和利益上和客户长期相处的；而管理也要关心员工的生活和成长，晚上下属有事情或者公司有急事发生就要打乱自己的生活安排。职业是会影响你的生活的，所以，当你选择职业时，要多考虑的一点是这个职业能否给你所想要的生活。

在大的层面上说，职业也是生活的一部分，做什么工作，怎么做，什么时间做等都是你在个人生活中对工作的一种安排。当你认为职业也是生活时，你就在一定程度上喜欢上了你的工作，职业与生活本身在一定程度上道理都是通的，这个理解程度上更多地取决于个人在职场上的成熟度。

误区之七：职业规划是大四时才要面临的事情，大一时用不着想

职业规划准确地说一般是在大三面临就业时才要遇到的，理论上说，当意识到职业选择时就已经在客观上产生了职业规划的需要，所以，这个时间是完全可以由升入大学的大一开始。但由于体制的客观原因，我们的职业选择不可避免地要在专业确定时才好考虑，而这个本应在高三时解决的问题却延伸到了大学。由大一开始专业规划，专业规划后面临着职业选择，职业选择时产生职业规划，所以，从这个关系上说，如果你深谋远虑，那你就应该在大一时从职业规划的高度考虑专业规划，安排大学生活。

大学本是一体，无论怎么划分，怎么安排，其实核心的还是就业，从更高的层面上说是职业、事业。让我们换个方式来说这个问题，如果以大学为半径，以职业为圆心，那么在职业这个圆上，大一和大四就是一样近的，两者对职业的影响也是一样远的。那么职业规划就不仅是大四才要面临的问题，而是你整个大学阶段都要面临的。虽然在时间的间隙上，先是大一，后是大四，但如果你大学的中心是一致的——是职业规划的话，那就大一和大四是没有什么区别的，而且从实际的案例和效果来说，成功的人也都是准备充分的人，在职业规划上，我们推崇这样一句话：早选职业早成家，为国、为她、为老妈。

上述所列举的七大误区，是大学生在规划职业与生涯中的一般看法，这些看法本身是没有是非之分的，但在职业规划、职业发展的效能上来说是比较低效的，注定是要走弯路的。文中的一些误区看似有些交叉和重复，但都是从不同角度和程度上来说的，且不可断章取义或孤立片面地来理解，否

| 第八章 | 规划人生，绘就蓝图

则，就会陷入思考的误区。因此，大学生在职业规划的具体问题上还是要结合自身情况来分析。

考虑人生规划中的具体细节

在英国广为流传着一首歌谣："少了一个铁钉，丢了一只马掌；少了一只马掌，丢了一匹战马；少了一匹战马，输了一场战役；败了一场战役，亡了一个国家。"民谣起源于一场将决定由谁来统治英国的战斗。

1485年，在英国波斯沃斯，国王理查三世准备与里士满伯爵亨利率领的军队决一死战。战斗开始的当天下午，理查让马夫备好自己最喜欢的战马。铁匠在给战马钉掌时，因缺少几颗钉子，有一只马掌没有钉牢。两军对垒，理查国王冲锋陷阵鞭策士兵迎战。"冲啊！冲啊！"他高喊着，率领队伍冲向敌阵。

理查国王的队伍眼看就要获胜，突然一只马掌掉了，战马跌翻在地，士兵见国王落马，纷纷转身撤退，亨利率领的军队围了上来俘获了理查。

在做人生规划的时候，你需要有一个详细的个人发展计划。这个计划可以是一个三年的计划，也可以是五年的计划。不管是属于何种时间范围的计划，它至少应该能够回答如下问题：一是要在未来半年或一年内实现一些什么样的具体目标？二是要在未来半年或一年内有一种什么样的工作方式？对于这些问题的回答将给你提供一份有关你自己的短期目标的清单。在形成这些目标的过程中，不要纯粹地依靠逻辑思维。这一类的抉择，需要发挥自己的创造力，应该把自己的情绪、价值和信仰等因素全部调动起来。

其实说到细节，生活中、学习中、工作中、与人相处中充满了细节，绝大多数细节会像我们每天脱下的头屑一样，看不到扬起或落下便无影无踪了。但正是这样一些细节却组成了我们的人生。正如漫长的人生由一个个短暂的一天组成的一样，无数的细节构成了伟大的情节。然而现实生活中，大多数人并不注重细节，总觉得自己是做大事的人，整天执着于小事没有任何意义。殊不知，把简单的并且是自己在实现目标的过程中必须做好的事做好、做到位就极不简单了。只有把这类简单的小事做好，才能臻于完美。

有一次，米开朗基罗的朋友过来看他，发现他正在为一个雕像做最后的修饰。过了一段时间朋友再次过来看他时，发现米开朗基罗仍在修饰那尊雕像。

朋友开玩笑地说："我看你的工作一点进展都没有，动作慢得简直跟蜗牛爬行一样。"

米开朗基罗说："我花许多时间在修整雕像，例如，让眼睛更有神，肤色更美丽，某部分肌肉更有力，等等。"

朋友不禁诧异道："可是这些细微之处是不会有人注意到的呀！"

米开朗基罗说："不错！这些都是细微的小细节，可是把所有的小细节都处理妥当，雕像就会变得完美至极！"

完美，对于绝大多数的人来说可遇而不可求。他们往往苦苦追寻，却得不到完美的真谛。米开朗基罗的话给我们的启示是：完美就隐匿于不为我们所察觉的细节之中，就在于我们没有察觉的过程之中。因此，当我们

第八章 规划人生，绘就蓝图

已经有了前进的方向，在规划线路和行动时，一定要注重细节，记住：细节决定成败。

那么，在制订人生规划时需要注意哪些细节呢？

第一，人生规划要切实可行

人生规划的目的就是要实现自己的人生目标，这也是人生规划的基础和原则。人生规划所包括的职业生涯规划、个人财产规划、婚姻规划、健康规划、时间规划等都会随着人的年龄的增长、对社会的认识的加深不断地改变和清晰。因此，人生规划应该根据这些进行相应的调整和改进。

进行职业生涯规划时要对一个人职业生涯的主客观条件进行测定、分析、总结研究的基础上，对自己的兴趣、爱好、能力、特长、经历及不足等各方面进行综合分析与权衡，结合时代特点，根据自己的职业倾向，确定其最佳的职业奋斗目标，并为实现这一目标做出行之有效的安排。每个人都渴望成功，但并非都能如愿。了解自己、有坚定的奋斗目标，并按照情况的变化及时调整自己的计划，才有可能实现成功的愿望。

进行个人财产规划首先要明确累积个人资产有哪些方式。你可以自己多开伙少在外面用餐、少打手机多打公用电话、出门多搭公车少开车、多到运动场跑步少上健身房、多听广播少买CD……不论你有多少省钱、存钱的妙招，告诉你一个能强迫自己存钱的秘诀——先投资后消费。其次要做好个人资产规划。在解决了省钱、存钱的问题之后，你可以开始来做个人的资产规划。虽然每个人的财务需求不甚相同，但你可以通过以下的步骤完成个人资产规划。比如：确定自己属于哪一个财富积累阶段；检视自己有哪些财务需求；个人资产配置规划，等等。

婚姻规划是人生规划中的重要一环。婚姻诚可贵，但是我们绝不能过于沉迷其中而荒废了事业。要充分尊重生活规律，正确处理好小家和大家、生活与工作的关系，不断提高规划的科学性和可操作性。

健康规划通过有机地整合自身和医疗机构、保健机构、保险组织等医疗保健服务提供者的资源，为每一位加盟的社会成员即医疗保健消费者，提供系统的、连续的、个性化的医疗保健服务，使消费者能够以最合理的费用支出得到最全面而有效的健康服务。每个人的基因不同，身体素质各异，而且随着年龄的增长、环境的改变，我们的健康状况也在不断变化。健康规划的任务就是根据自身的身体素质和状况在饮食结构、作息安排、健身方式、心理调整以及如何定期体检等方面作一个统一的部署和安排，并根据自身身体内外因素的变化随时予以调整，以防患于未然，始终保持身体处于健康状态，如果身体出现问题，可以在第一时间采取措施，防止身体状况进一步恶化，这样我们就可以认为达到了健康规划的目的。

时间规划是人生规划中的一项重要的议题。能否在有限的时间里完成众多的目标，直接决定着人生规划的成败。人们时刻都面临着"时间运用"的问题。事实上，当我们感受到时间与所要实现的目标之间存有时差时，问题便产生了，这表示我们没有对生命中最重要的事情付出应有的心力。无论是面对重大的人生转折或芝麻、绿豆般的生活琐事，难免要作一番抉择，而且更需自己承担抉择的后果。因此，有规律的作息和良好的做事方式，会带给我们事半功倍的效果。

由此可见，由于这些规划的不同特点和要求，需要做出可行性的实施方案，不可过宽，否则就会增加实施的难度甚至无法实现。

第二，个人规划要与时代发展同步

个人的奋斗目标要符合社会发展的趋势和时代的要求。既然个人的发展离不开现实社会的与时代的客观要求，那么我们在确立目标时就要认清时代特征，善于抓住时势，把握住机遇，为个人寻求更大的发展空间和施展才能的机会。

一位美国作家说："不要竭尽全力去和你的同僚竞争，你应该在乎的是

| 第八章 | 规划人生，绘就蓝图

你要比现在的你强。"当然，我们崇尚远大的人生目标，也敬佩有远大目标的人，但是我们在确定目标时应该更理智。不要因为歌星很风光，就想做歌唱家；杨利伟是航天英雄，就立志做航天人，刘翔是我们的骄傲，就发誓成为体育健将；比尔·盖茨很富有，就梦想自己也要腰缠万贯……其实我们不应盲目地追随，因为我们只看到他们很风光的一面，对这其中的详细情况知之甚少或是一无所知，他们在确定自己的目标时，都是从实际出发并付出艰苦的努力才实现的。我们每一个人的条件各不相同，在确定目标时更应该扬长避短，选准适当的目标。

所谓适当，就是要使目标与个人能力相符，不能好高骛远，而要量力而行。如果目标定得太高，我们的力量不足，能力不够，就会导致失败，从而丧失信心，这是我们所不愿意看到的。只要我们的人生是有价值的，有意义的，就是值得肯定的。

我们做不了太阳，就做星辰，在自己的星座发光；做不了大树，就做小草，以自己的绿色装点希望；做不成浩瀚的大海，就做一条清幽的小溪滋润禾苗；做不了伟人，就做实在的自我，这也同样是人民的需要，国家的需要。因为社会不仅是由思想家、科学家、艺术家组成的，这样的社会也是不健全的，只要我们凭借自身条件，尽最大的努力，把自己所有的力量全部贡献给我们的祖国和人民，我们就不虚此生，我们也同样是英雄和伟人。

第三，注意长期目标和短期目标间的结合

长期目标往往是很理想的和很高的目标，是让我们想起来要激动一阵的，而短期目标则是现实的，努力一下就能达到的。长期目标和短期目标真的是一个都不能少。如果只有长期目标，那么就只能是空想家，只空想而不行动，而如果只有短期目标，就会陷入忙碌的生活中，生活缺乏信念。

事实上，任何大的进步都来源于每一天和每一个小时你做的事情，任何一个大的失败也都来源于每一天和每一个小时你做的事情，这些很小的、很短的时间里，看似结果是不明显的，然而，如果把它放在一个长的时间里看，你会发现，正是这每一天、每一个小时甚至每一分钟的差距最终造成了巨大的差距。长期目标的完成从来不是一个大的跨越，而是依靠短期目标一小步一小步地走完的。存钱和投资，演讲和推销，这些事情在一两天内都看不出差距，但是，时间长了再看，你会发现，正是因为每一天两个人做了不同的事情——一个人小心地把一块钱存起来，另外一个则花掉——才造成的多年以后的巨大差距。一块钱看似没什么大不了的，但是如果你每天花掉一块钱，或者每天存一块钱，几十年之后，你就会发现，一块钱绝对不是什么不得了的，而是太不得了的东西。

"不积跬步，无以至千里。""千里之堤，溃于蚁穴。"这些古训，我们不仅应该会背，更应该体现在行动中。事实上，两个品位、学识和知识储备相差很多的人从来不是在一天或者一年拉开的差距，而是每一天、每一个小时和每一分钟拉开的差距，一个在享乐，一个在读书，看似每一天差了一点，长时间一看，就差了一大块。

长期目标要理想，短期目标则要现实。长期目标一般以10年为标准，而短期目标则以一年、一个月甚至一天为标准，10年的时间，大多数人都可以变成一个很优秀的人，而在一年之内，还要面对现实，要订一个现实的目标。未来一定是美好的，但是现实往往会很残酷，我们不能因为现实的残酷就抹杀了未来的美好，也不能因为未来的美好就对现实的残酷视而不见。

因此，在制订人生目标和长期目标时，要多考虑一些自身因素和社会因素，而制订中期目标和短期目标时，则要更多地考虑组织因素。通过制订个人的短期目标、中期目标和长期目标，就形成了完整的个人目标体系，所以一定要给自己制订一个可行的职业规划。

总之，人生规划中的具体细节决定着规划实施的成败。能够制订切实

| 第八章 | 规划人生，绘就蓝图

可行的人生规划，充分考虑到规划的时代要求，并注意长期目标和短期目标之间的有机结合，那么，这样的人生规划就能有效地实施并取得理想的效果。

不断地修改和更新你的人生发展规划

人生目标的确定往往是基于特定的社会环境和条件的。这样的环境和条件总在变化，确定了目标也应该作修改和更新，况且这样的目标虽然写出来了，但是并未镶刻在石头上，它的存在只是为你的前进提供一个架构，指示一个方向。我们是它的创造者，可以在它看起来正把自己引向歧途的任何时候更改它。

成功的人生需要不断地调整定位，而一个合理的人生规划则基于对自己有一个清晰的认识、准确的判断和合理的把握。只有讲求实际，合理准确地评估自己，并不断地加以调整，才能合理定位人生方向，才能每天朝着这个方向努力前进。

姚明就是这方面的代表，他总是能随着客观情况的发展而不断更新自己的人生规划。

1997年，17岁的姚明加入上海东方大鲨鱼队，开始了他的中国篮球职业联赛之旅。开始打球时，有很多球星让姚明想去超越。他说："从开始的时候，王治郅就是我的目标。我总是在追赶他，而且我知道要想赶上他，就得加快脚步。一开始我的梦想并不是要比他更好，只要能和他一样优秀并能够成为他的队友就已经很满足了。"

正是在这个目标的激励下，姚明天天都在进步。经过两年的磨砺，姚明带领上海队进入了1999年至2000年和2000年至2001年赛季的总决赛，虽然两次都败给了强大的八一队，但上海队与八一队的差距越来越小。然而，姚明清楚地认识到国内联赛的总体水平并不太高，即使自己是最好的球员，也并不能代表什么。

在参加2000年奥运会的时候，姚明就清楚地认识到了这一点。那时，他已经和自己曾经的偶像——王治郅的水平比较接近。但是当中国队跟其他国家的最优秀球员比赛之后，姚明发现"天外有天，人外有人"。与国外优秀篮球运动员相比，自己还是有一些差距。于是姚明及时更新了他的人生规划：到国外打球，和世界上最优秀的球员一起竞争。

在2001年至2002年赛季，姚明终于率领上海东方大鲨鱼队获得了联赛总冠军。姚明认为他在国内联赛做到了他能做到的一切，他需要到更广阔的舞台上展示自己。正是在这样的理想的感召下，姚明踏上了美国篮球职业联赛的征程。

姚明是睿智的，因为他懂得不断调整和更新自己的人生规划，让规划跟随自己成长。然而有人却没有认识到这一点，以至于在原地踏步，甚至沉沦下去。我们的欲望和需要处于不断地变化之中，我们也在不断地成长，有些目标将会实现，而有些活动将不再对我们有吸引力。这时，我们必须经常反省自己，整理、归纳自己的目标和活动清单，以便随时发现问题并及时确立自己新的方向。

人生规划的不断调整定位，其实就是对人生规划的完善，是为了让人生规划更适应当前个人的意愿、能力、期望和社会环境、条件等因素的变化。

第八章 规划人生，绘就蓝图

所谓调整是重新调配和安排，使之适合新的情况和要求。纠正与更新自己的规划并不难，它涉及以下内容：职业环境和就业环境；评估自身能力；目标定位要确切；规划现有条件下各阶段工作内容和目标及具体的实现路径。

第一，分析职业环境和就业环境

职业环境分析是我们需要认清所选定的职业在社会环境中的发展过程和目前所处的社会地位，社会发展趋势对此职业的影响。包括职业的发展趋势，职业内涵中的社会分工，专门知识技能，创造财富方式，报酬水平，满足需求的程度等因素发展变化的趋势。

国家经济的发展和科技的进步，定会导致社会职业结构的变化，新的职业会出现，还有一些职业会衰退，或是有些职业虽然存在，但其相关属性或内涵已经发生了变化。是否能预测一种职业的发展趋势，是否能预测职业内涵的演化，对一种职业是否有深刻的认识将关系到我们能否在把握社会环境变化的基础上，为自己人生的发展找到或创造适宜的职业平台，有效地规划职业生涯。如果你希望抓住机遇，建立明确的职业目标，有效降低机会成本和降低选择的风险，那么深入的职业环境分析是必不可少的重要一环。

社会发展趋势对于目前所从事的职业有何影响和需求？你选择的这个职业是不是社会越来越需求的职业？在此行业里，企业是否具有竞争力和发展机会？你如何让自己在选择的职业中保持核心竞争力？可能的风险是哪些？我们可以通过有效的职业环境分析得到启示或答案。

就业环境是指与我们择业有关的政治、经济、文化等社会环境。就业环境对我们择业的影响作用是多方面的，有些是直接的、现实的，有些则是间接的、潜在的，有些是积极的、正面的，有些则是消极的、负面的。就业环境是一种社会存在。我们在择业前正确认识并分析自己所处的就业环境，寻找有利因素，避免不利因素，有助于帮助我们制订出符合社会实际的择业目标。影响就业环境的因素包括知识经济对我国的就业影响与挑战，经济结构与产业结构调整，区域经济发展状况，等等。

第二，评估自身能力

每个人都有自己的理想和追求。当理想和追求与自己的能力相适应时，就会做出对世人有益的事情；倘若理想和追求超越了自己的能力，就会令其难以实现。不为名利所动，在适合自己的岗位上工作，才是人生的真正乐趣。为名利和地位所动，去干那些不适合自己的工作，必然惨遭失败。

如何才能知道自己有无适应能力？这的确是一个很难回答的问题。因为一个人要想对自己的能力做出正确评估，是一件很不容易的事，它要求当事人在做一项工作之前，要对客观情况进行通盘考虑，评估一下这个工作是否适合自己，自己有没有实力去完成，通过冷静思考，再决定做与不做。做适合自己做的工作而功成名就，不仅是个人的荣耀，也是企业的骄傲。明知自己没有这种适应能力，却被个人欲望或感情所驱使，去从事一件不合适的工作，那么失败的概率一定很大。一旦失败，不仅个人受损失，也会牵连到周围的人，进而影响整个企业。因此，正确评估自己尤为重要。

第三，目标定位要确切

所谓确切的目标，就是根据不同情况灵活制定的目标。工作目标定位是建立规律的生活节奏的前提，目标定位的高低会直接影响有规律的生活节奏能否建立。一般来说，每完成一项工作任务，可谓是一个工作周期，当你潜心钻研，克服了一个又一个难题，达到"柳暗花明又一村"的境地时，心情会豁然开朗，那种愉悦之情会油然而生，这种成功之后欢悦心理对消除疲劳颇有裨益。创造"柳暗花明又一村"的愉悦环境，一个很重要的条件，就是工作目标定位要确切，同时要不断提高工作水平，增强决断能力，切忌陷入漫无边际的讨论再讨论、研究再研究之中。

有一个单位为了起草一份工作报告，十几个人凑在一起，今天讨论，明天修改，前前后后历时一个月之久，先后修改了七稿，最后还是觉得第

第八章 规划人生，绘就蓝图

一稿好。因此，对一时无法实现的目标，也不要白白地呕心沥血，否则会累得筋疲力尽而工作却毫无进展。

第四，规划现有条件下各阶段具体的工作内容和目标及实现路径

心中有目标，就善于把握机会，机会一旦来临就能做出正确抉择。并在机会来临前，通过不断读书、交友、工作实践累积能力，准备迎接机会的到来。能够做到目标与现有条件的和谐统一，就会实现人的自由全面发展。人的自由全面发展的实现要通过各种具体实践活动正确处理人与自然、人与社会、人与自我的关系，达到人自身多重存在的统一。而这些关系的和谐统一又是在人与世界历史的密切联系中实现的。

对于工作内容和目标，必须有时间约束。克服人性懒惰、散漫等方面的干扰。严格要求自己实现每一步的目标，完成每一天的任务。这样假以时日，将有成功之机。因此，当对工作、生活现状不满时，应该不知足而后有上进，不断地激励自己、管理自己。

总之，要想获得人生的成功，我们需要及时纠正及更新自己的人生规划。人生规划做得过细、过于严格，会束缚自己的手脚，可能丧失随时到来的种种机会，又会因为不切合实际而丧失可操作性。在影响人生的许多因素难以预料的情况下，要使人生规划行之有效，就必须使职业生涯规划具有足够的弹性，在实践中不断进行评估和调整。这就需要我们在实践中定时、定期地检验目标完成的情况和评估环境的变化，从而做出正确的调整。

克服前进道路上自身的缺点

所谓克服前进道路上的自身的缺点，确切地说，就是明确阻碍你达到目标的自己的缺点。这些缺点一定是和你的目标有联系的，而并不是分析自己所有的缺点。它们可能是你的素质方面、知识方面、能力方面、创造力方面、财力方面或是行为习惯方面的不足。很多缺点都会成为人生前进道路上的障碍，只有努力去发现并下决心改正它，打除这些障碍，向着目标前进，才会最终取得成功。

第一，做一个善于改正缺点的人

是人就有缺点，就会犯错误。金无足赤，人无完人。凡是正常的人，就会存在缺点，就可能犯错误。有了缺点与错误，怎么办？

有的人是遮掩、隐瞒或忽视，有的人会主动反省并改正，有的人会寻求他人的帮助。这样看来，第一种人是不会有多大进步的；第二种人是比较理想的人，也会保持经常的进步；第三种人是比较聪明的人，能借外力并能自主，进步是当然的事。在现实生活中，我们为了生存与发展，要努力学做聪明人，而既会自主努力也会借助外力的人就是聪明的人，就是不怕有缺点、犯错误，一旦有缺点与犯错误就会努力在内力与外力的综合作用下克服缺点和改正错误。

第八章 规划人生，绘就蓝图

第二，不要半途而废

半途而废，会让人做事做到一半，功亏一篑，害处极大。做什么事，都不要半途而废，坚持就是胜利。

"锲而不舍，金石可镂；锲而舍之，朽木不折。"这句名言告诉我们做人的关键在于要有恒心，目标专一，持之以恒。任何人成功之前，都会遇到许多的失意，甚至是多次的失败。如果你放弃了，你就放弃了成功的机会，因为成功之前的失败，往往离成功只有一步之遥。自古以来，那些所谓的英雄，并不比普通人有更好的运气，他们只是比普通人更有坚持到最后的勇气罢了。

第三，懒惰是成功的大敌

在人生的征途中，勤奋是成功的必要条件之一，与此相对应的懒惰自然就是成功的大敌。懒惰虽然是种行为，但其实质原因却是由不良的心理因素引起的，如看不起自己而导致的"自我击败感"，遇事经不起挫折而导致的"受挫折耐力较弱"，对自己要求过严、过高而导致的对别人的敌对情绪。所以，当你找出理由来为自己的懒惰开脱的时候，应该先想想，自己为什么被懒惰所俘而不愿意将精力用于更具体的行动上呢？

人生只是短暂的一瞬，生命的弓弦应该是紧绷不松的。生命不息，奋斗不止，应该是每个人生存的原则。战胜了惰性，便是战胜了自己，而后，便会拥有成功与幸福。

第四，不要沉湎于过去

这个世界上，人类的很多的愤怒、沮丧、痛苦和绝望都是因为沉湎于过去曾经受过的伤害和遭受的挫折。你越是在心里念叨着过去的那些事情，你越是感觉糟糕，那些事情会变得越沉重。让过去的成为过去，继续前行，这样你就卸下过去的包袱了。

第五，冲破盲从的怪圈

在社会中，由于分工和能力的不同，既要有人运筹帷幄，掌管大局，又要有人身体力行，动手去干。但是不管干什么，都要有自己的原则、自己的立场，不能够一点主见也没有，没有自己的原则。这里的原则既包括思考的方法，也包括日常生活中为人、处事的立场、原则。

工作中没有自己的想法，只听命于他人，别人怎么说自己就怎么做，如果别人说得对还好，假若别人说得不对，而自己又不动脑筋去认真思考，走弯路、浪费时间不说，有时难免要犯错误。没有人能够因跟随他人而获得成功，哪怕他是跟随一个伟大的成功者。人们做事的能力不能从抄袭、模仿中得来。

决定你是否能克服危机的，在于能否做一个最好的你，你不应当丢掉自己身上最好的东西，去盲目跟随别人，把自己变成别人的影子。"要想成为真正的'人'必须先是个不盲从因袭的人。你心灵的完整性是不可侵犯的……当你放弃自己的立场，而想用别人的观点去思考的时候，错误便造成了……"一位名人这样讲。这对强调用别人的观点来思考的人来说，无疑是一大震撼。

第六，克服软弱的性格

现实生活中，确实有不少人被软弱的人格特征所困扰，使心灵陷于痛苦之中。怎么战胜软弱呢？心理学家提供了以下对策。

一是重塑性格。任何人都可以养成坚强的性格，不过软弱的人大多有内向的气质，养成外向型坚强性格的确很困难，但是内向型坚强性格却是可以锻炼出来的。内向型坚强性格有三个特点：不锋芒毕露但有韧性，不热情奔放但有主见，不强词夺理但能坚持正确意见。

二是坚持自己。战胜软弱的心理的基础是自己看得起自己，敢于坚持自己，尤其是面对飞扬跋扈的所谓"强人"的时候。

| 第八章 | 规划人生，绘就蓝图

三是敢于反击，先是学会发怒。软弱的人多数没有当众发脾气的体验，而习惯于沉默忍受。坚持自己，就要敢于适时发怒，可以逐渐学起。你可以选择经常粗暴对待顾客的售货员为对象，准备好"台词"："这样对待顾客，太不像话，岂有此理！"说罢，尽管扬长而去。

四是直接反驳。软弱者对于别人的误解与无端的责难总习惯妥协。战胜软弱就要学会直接反驳，不妥协。

五是在行为上武装自己。心理学也认为改善行为不端的习惯可以改善心理素质。你如果软弱，就可以这样武装自己。如遇见你有点儿害怕的人，不要绕道走，径直迎着对方过去，身体站直，挺起胸膛与对方讲话，讲话时盯住对方的眼睛，开始做不到，就先盯住他的鼻梁，不轻易用"对不起"之类的话。这样不断强化自己的行为，你就会感到自己突然变得坚强了。

第七，克服爱发脾气的毛病

和一切心理现象一样，人之所以爱发脾气，也有先天和后天两个方面的原因。就先天原因来说，美国科学家近年来通过大量的研究发现，人体内微量化学物质去甲肾上腺素和血清素的含量，对人的脾气有很大的影响。就后天原因而言，这主要是由于环境和教育的影响。生理学家发现，随着发怒次数的减少，其体内的去甲肾上腺素含量也会大大降低。那么，究竟怎样才能克服爱发脾气的毛病呢？

一是开阔胸怀。爱发脾气者通常都是气量狭小者。俗话说："大事清楚，小事糊涂"。不必过多地计较生活中的一些小事。有些爱发脾气的人，缺少的正是这样一种博大的胸怀。

二是认清危害。人与人之间是平等的，要互相尊重。你因为区区小事就大发雷霆，这是侮辱他人人格的行为。一个不尊重别人的人，必然也得不到他人的尊重，相反还会遭到众人的轻视。

三是学会容人。爱发脾气的人，还应培养自己的"雅量"，即容人之量。

四是铲除虚荣心。**爱发脾气的人，还要注意克服和铲除自己的虚荣心。**

五是学会克制。暴躁脾气的克制，需要有坚强的意志力。克制的方法很多。一种是一旦感到自己要发脾气时，即进行自我暗示。另一种是用转移注意力的方法来克制自己。

第八，要克服狂妄自大的毛病

人生在世，总是谦虚一些，谨慎一些，多一点自知之明为好。人们常说"天不言自高，地不言自厚"。自己有无本事，本事有多大，别人都看得见。

看看那些成绩斐然，为人类社会作出重大贡献的科学家们，看看那些功力深厚，饮誉世界的艺术大师们，他们当中，绝少人因为自己具有足够的资本而狂妄自大的。他们倒是非常有自知之明而又非常谦虚的。所以，我们的行动准则，应是戒骄破满，为人不可狂妄。

第九，要克服固执己见的毛病

做人不要固执己见，要懂得变通，善于变通，就能找到解决问题的好办法。当你从一个方向思考问题陷入困境时，变换一下思维角度，从另一个角度思考问题，很可能会得到意外的收获。

有人说："明智的人使自己适应世界，而不明智的人坚持要世界适应自己。"变通是天地间的大智慧，是才能中的才能。人生在世面对层出不穷的矛盾和变化，最有效的办法就是要学会变通。从某种意义上讲，变通就是寻求一种解决问题的新方法。遇到新的情况，就换新的想法去应对。如果只是墨守成规，不知道运用巧思，灵活变化，不要说成功不了，还有可能会吃大亏。

总之，一定要克服自身的各种缺点和问题，战胜前进道路上的各种困难和风险，从而使自身变得更加坚强、更加成熟。

第八章 规划人生，绘就蓝图

摆脱职场危机，完善人生规划

在充满变化、竞争日趋激烈的职场大战中，危机与压力已经成为人们的工作常态。在某些行业及某些领域人才"走俏"的同时，有一部分职业人却遭遇冷门，他们在现代社会的激烈竞争中，总遇到麻烦事，此时不少人开始静下心来思考一个更加现实而严峻的问题——个人的职业生涯规划。

高校扩招、组织变革、年龄增长、知识老化，这些内、外因素的综合影响，让更多的人感受到生活的压力和发展的迷茫。从刚刚走出校门的天之骄子到闯荡职场多年的白领人士，从普通企业职工到高级经理人员，在这些不同角色、不同性别、不同年龄、不同行业、不同职位的人们的字典里，"职业危机"一词开始出现并日渐清晰起来。

具体而言，职业危机可能因人、时间、环境、机遇而异，但普遍来说，从年龄层次上来划分，在人生的不同阶段，大多数人最可能遇到以下四类职业危机。

第一，20岁至25岁的人所面临的选择危机

20岁到25岁，这个年龄段的人正处于生理上的黄金时期，他们充满活力、精力旺盛、富有进取心，对未来充满憧憬，但却普遍缺乏社会经验。一方面非常渴望成功，希望尽快取得成绩，得到社会和他人的认可，一方面心境又比较浮躁，初涉职场，不少人会感到很难适应，甚至有时会怀疑自己的选择是否正确。他们由于受到自身性格、价值观、社会经验以及客观环境等因素的影响，比较容易出现职业选择的危机和困惑。所以，选择第一份工作，找到一个良好的职业生涯起点，对于这一时期的人来说显得至关重要。

从职位分布上看，这一阶段的人基本上是企业普通职员或基层人员，或政府部门及事业单位的科员、干事等。当然，不排除一部分特别优秀的人，在天时、地利等多种因素作用下，在这个时期就取得了不错的成就。但整体上，这个阶段的人多数处于职业发展的探索期。

这一时期应该采取如下对策。

一是理性分析。这一年龄段的人这一阶段的最重要任务之一，就是选择第一份职业。在这一过程中要特别注意考虑两方面因素，首先是自我剖析，包括准确分析自己的核心优势、核心劣势、能力短板、发展潜能等。这个环节做好了，在择业时就可以少走很多弯路。举个例子，如果你很不习惯与别人沟通，就不要试图做人力资源的招聘经理；如果你天生嗓音很差，就不要尝试成为歌手。自我剖析还包括认识自身的性格和兴趣，这一点也非常重要。性格外向、喜欢与人沟通的人，比性格内向的人去做销售和市场，通常会更容易成功；让不喜欢小孩的人去做幼儿教师，只会误人子弟。

其次，要理性地分析和把握地域环境特点、行业前景、企业环境等因素。俗话说，男怕入错行，女怕嫁错郎。同样资质相近、素质差别不大的人，有的人在很短的时间内就获得了职业发展的成功，有的人却不得志，甚至面临新的职业选择的问题，这很可能就由于行业选择不同的原因。所以，初涉职场，应该在做好充分自我分析和内外环境分析的基础上，理性地思考和选择适合自己的第一份职业，设定明确的人生目标，制定相应的职业发展计划。

二是树立形象。这个年龄段的人要尽快完成角色的转换，树立自己作为职业人、社会人的形象。年轻人从学校踏入社会，给人的最初印象如何，表

第八章 规划人生，绘就蓝图

现如何，对未来的发展影响极大。一些年轻人，特别是刚毕业的大学生，总认为自己有知识，有文化，到单位工作后不屑于做琐碎的小事，不甘于从底层做起，不能给同事们留下良好的印象，这对年轻人的发展而言，可以说是一个危机。

三是平衡目标。由于初涉职场的年轻人大部分为白手起家，缺乏经济基础，他们对物质往往有很强烈的追求和依赖感，他们希望尽快拥有车子、房子，过上体面的生活，这种心理往往导致在择业方面更具功利性，总希望在最短的时间内获得最多的报酬。天上不会掉馅饼，一个人的薪水收入，基本上是和他为组织创造的价值相对应的，如果能力达不到，一味地追逐高薪职位只会竹篮打水一场空。还有一点，某些短期收益很高的行业和职位，从长期发展的角度来看对个人职业生涯的推动作用并不大；而某些行业则在短期内直接收益不高，但却具备广阔的发展空间。因此，在选择职业生涯的起点时，需要平衡考虑短期利益和长期职业发展的目标。

第二，26岁至35岁的人所面临的定位危机

经历了从学校到社会的过渡和融合，人的职业发展将迎来第二个阶段：从25岁到35岁的调整和定位时期。这个阶段是人们职业生涯规划最重要的时期，这一时期的职业基础和平台，将直接决定他们以后的职业高度和成就。譬如在公务员队伍中，35岁前能够做到处长，那以后就很有可能上升到厅、局级领导。商业企业中，三十多岁就已经是人力资源总监或分公司总经理的人，那日后进入总公司或集团决策层的概率将会非常大。因此，把握好这十年时间，以后的职业生涯将变得平坦畅通，而错过这段宝贵的黄金时光，将很难再有机会弥补。

中国人常说"三十而立"，30岁就如人生的期中考试时期，是检验前阶段成绩的时期。在这个时期，人们审视过去，思考未来，并自觉或不自觉地将此当作人生的重要门槛。许多人对自己的人生定位进行了调整：有些打工的自主创业了，有些从这个行业跳到另一行业，有些人尝试着在公司内不同部门和职位间进行轮换，"定位和调整"成为30岁左右的职业人士的主题词。因而，处于这一年龄段的人们最容易出现的职位危机为定位危机。

出现定位危机的原因主要有两个，其中一个因素是外部环境因素的影响。时代的发展和竞争的加速，让一些看似前途无量的行业和职位在短短几年内变成冷门，曾经风光无限的商业巨人则纷纷倒下，这一变化趋势必然直接影响到组织中的个体。另外一个因素是对自身认知的不足。认识自我对于个人的成长和职业定位实在是太重要了，但要清晰、准确地认识自己却不是一件容易的事。特别是有些能力的人，越不容易客观地剖析自我和判断周围的环境。认识自我的两个层面，说通俗点就是首先要清楚你有什么能耐，你能干什么；其次要明确你打算干点什么。道理非常简单，但很多人却不能真正明白。许多有素质、有能力的优秀人才，就是由于定位不准而在职场上反复地经受挫折，这种事例屡见不鲜。

这一时期应该采取如下对策。

一是明确职业发展方向。事实上，许多职业人在30岁以前对自己的定位不明确，没有好好地规划过自己的未来。或者由于年轻没有经验，所以把事情想得太简单；或者由于年少，多少有些轻狂；或者仅仅囿于职业来考虑职业，没有能够从一定的高度上来考虑职业定位的问题。到了三十多岁，随着阅历和经验的增加，人们对自己、对环境有了更清楚的了解，此时应看一看自己选择的职业、所选择的职业生涯路线、所确定的人生目标是否符合现实，如有出入，应尽快调整。

人们职业方向的选择有很多种，譬如定位成为某一行业或领域的资深专家；或者致力于跻身企业组织中、高级管理层；或者自主创业；或者步入仕途等。具体选择哪一条路因人而异，但一定要综合个人志向、能力特长、社会资源及外部环境等因素进行确定。

第八章 规划人生，绘就蓝图

二是培育核心竞争力。机遇往往偏爱有准备和有真正能力的人。今天的社会，竞争和变化是永恒的主题，成功人士的资质、素质及个性固然不尽相同，但一个共性便是他们都拥有他人难以超越或复制的核心竞争能力。不论任何行业或组织，出人头地、鹤立鸡群的人毕竟是少数，人们只有经过不断学习和积累，厚积薄发，培育属于自己的核心竞争力，才能大大加速自己的职业发展和成功的步伐。

那么如何培育核心竞争能力呢？首先要最大限度地发扬自身的核心优势。上帝是公平的，他不会将所有的优点和幸运赐予同一个人，每个人都有自己的优点和缺点。真正聪明的人不会用自己的劣势去和别人比较，那样只会低估自己。只有将自身的优点和长处最大限度地发扬和扩展，把自己的天赋运用在自己最擅长的领域，才可能培育出自己的核心竞争力。其次要专注。每个人的精力和时间毕竟是有限的，一个人即使知识再渊博，也不可能做到面面俱到；一个人即使再能干，也不能完成所有的工作。在社会化分工如此细致的时代，只有在一定时期专注于某一方向和领域，你才能做到更加专业。在同等条件和形势下，当你比别人眼界更宽、思考更加深入、行业经验更加丰富时，你的核心竞争力就开始形成了。

三是在跳槽中成长。更多时候，只是简单的自我分析还很难准确定位自己的职业方向。很多人找到适合自己的行业和职位，往往是通过职位的变动实现的。个人因为跳槽而更好地认识自己和发现机遇，企业由于员工的适当流动而保持活力、不断创新。但也有不少人，却是为了跳槽而跳槽。有的人做出的每一步选择看起来都没有错，他们或者通过跳槽增加了薪水，或者职位有所提升，或者遇到了一群好同事，但当所有的选择加起来其整个过程却是失败的。

从职业生涯规划的角度，跳槽要把握三个原则，即不要轻易跳槽，不要辞职跳槽，不要频繁跳槽。世界上没有完美的企业和职位，任何工作都难以让人完全满意，不要总是想着用跳槽来解决问题。

第三，36岁至45岁的人所面临的发展危机

事实上，35岁和45岁，往往成为职业发展的两道坎。在企业层面，许多公司招聘人员时都会将35岁作为一个分界线，招聘35岁以下的员工主要侧重于考虑其学历、个人素质和工作潜能等因素，招聘超过35岁的人员时则需考察其以往的工作业绩、行业经验和专业技术职称等方面的问题。在提升中、高层管理人员时，45岁以下的候选人则更容易获得晋升机会。而在政府部门，提拔任用领导干部时也往往将是否在45岁以下作为一个重要因素。

从职业现状来分析，这一年龄段的职场人士，应该算是各类组织中的"少壮派"，相对于二十来岁的人来说，他们少了些浮躁，多了些沉稳；相对于五十岁的人来说，他们仍然充满活力，但稍欠火候。这样一群收入逐渐丰厚、实权逐渐在握的人，自然对事业、生活、家庭都有不少要求，但各种压力也随之而来。如经济上的压力、横向对比带来的无形压力、来自于后继者的压力，等等。

这一时期应该采取如下对策。

一是塑造阳光心态。我们身在职场，总会有许多事情引发我们的感慨。有的人自命不凡却四处碰壁、施才无门，因为他的心态太过浮躁，总是认为老子天下第一；有的人没有很好地规划自己的职业生涯，走了很多弯路，他不知道不同的人之间其发展轨迹也不同，可比意义不大的道理，所以难以面对和接受被同事和下属纷纷超越，甚至成为自己的上司的现实。两个资质、能力相近的人，由于心态不同，一个脚踏实地、目标明确，一个好高骛远、投机取巧，几年下来其身价可以相差数倍。可以说，在一定程度上，心态决定着我们能否成功。所以，当不能改变环境时，就努力适应环境；当不能改变别人时，要学会改变自己；不能超越强者时，就转而向强者学习。同时，要学会分解压力，更多的时候压力是我们施加给自己的。怨天尤人、自命不

第八章 规划人生，绘就蓝图

凡者，经常将通向成功的道路亲手堵死。而以一种坦然、平静的心态对待工作和生活的人，更容易获得快乐和晋升的机会。

二是坚持持续学习。研究发现，人一生工作所需的知识，90%都是工作后通过学习而获得的。很多人在此阶段都会遇到知识更新问题，处在这样一个知识经济的时代，科学技术高速发展，知识更新的周期日趋缩短，导致这批人在知识结构上与年轻晚辈的差别较大，只有不断完善自己，更新知识结构，晋升的机会才会更多。因此应该在工作之余多补充一些新知识，以维持和不断提升自身竞争力。

三是拓展人际网络。这个时期的职场人士的工作经验、专业技能及管理水平已经趋于稳定，这时应该更加注意提升与他人交往的能力，树立良好的个人形象，形成自己的做事风格和领导风格，并着重于人际关系和外部资源的构建和培育。在此阶段获得提升和实现职业发展突破往往已不仅取决于自身的能力和素质，良好的外部社会关系网络和资源常常发挥出更大的影响力。

良好的社会关系和人际网络可以通过结交以下人员来逐步实现，如同行精英及业内人士、其他领域的优秀人士、结交猎头公司的朋友，等等。

第四，46岁至55岁的人所面临的生存危机

从整体上而言，处在这个年龄段的人，其事业成功与否已基本见分晓，大部分人的状况是在原地踏步，什么晋升、工作野心反倒是次要的问题。伴随着年龄的增长他们的身体状况也大不如以前了，因此最害怕健康出现问题，最担心失去工作，工作稳定对他们来说是压倒一切的问题。特别是对女性来说，不论事业是否成功，她们的世界观、人生观、价值观已定型，物质基础和社会地位已明确，其生存状态也比较稳定，因而生活满意度较高，但同时也最怕出现任何变数。她们对家庭更依赖，更注重家庭的温暖。男性的状况略有不同，一些人仍然可能在50岁前遇到人生的又一次上升机会。

这一时期应该采取如下对策。

一是学会放弃。50岁左右还驰骋于职场的人，往往已经成为商业组织、政府部门内的顶尖级人物或某些行业的资深专家。从职场人士自身来讲，应该要有放权的勇气，当然并不是说将权力全部放弃，而是应该避免事必躬亲，要适当授权，将主要精力用在考虑战略层面及全局性问题。如果为专业技术性专家或行业资深人士，大可以将自身多年技术经验和行业底蕴发挥得淋漓尽致，这样更能树立权威和行业影响者的形象。

二是规划晚年。完美的一生，必定要包括幸福的晚年生活。人近晚年，对物质层面的需求和依赖程度逐渐下降，随着个人业余时间的增多，精神追求将上升成为生活主题。在此阶段，有意培养一两项爱好，如音乐、摄影、书画、艺术等，将令生活变得更加充满情趣。还可以多投入些时间在家庭里，照顾家人、抚养孙儿，尽享天伦之乐。有些生活经历丰富的人，不妨在退休后静下心来将自己的人生和职业生涯进行回顾和总结，写写文章，甚至出书作著等，都是不错的生活方式。

三是注重健康。对于进入职业生涯晚期的人来说，生活幸福与否的最主要因素便是健康。事实上，健康问题绝不是只有在职业晚期才需要注意的，要拥有幸福、完美的人生，必须从年轻时就关注身体保健。要想身体健康，就要在日常生活中按照正确的健康理念身体力行：合理膳食、适量运动、戒烟限酒、心理平衡。

总之，职业危机本身并不可怕，可怕的是对它的漠视。只要认清人生职业生涯的规律，理性分析，准确定位，把握好人生的方向，每个人都可以拥有完美的职业生涯。

| 第八章 | 规划人生，绘就蓝图

实施人生规划时如何激励自己

行动是所有步骤中最艰难的一个步骤，它要求你停止梦想而切实地开始行动。我们知道良好的动机只是一个目标得以确立和开始实现的一个条件，但不是全部。如果动机不转换成行动，动机终归是动机，目标也只能停留在梦想阶段。要想实现人生的终极目标，有两个方面的陷阱需要谨慎避免，一个是懒惰，懒惰是事业成功的天敌；另一个是错误，哪怕是小的错误。

很多人奋斗一辈子都没有能够完美地实现自己的人生目标，更不用说懒惰者了。要想有一个无悔的人生，除了认准目标外，还要集中精力全力以赴。在实现人生终极目标的过程中，难免受到各种妨碍或各种诱惑，任何的闪失或偏差都会使你远离你的既定目标。然而，人非圣贤，孰能无过？只是在通往理想的艰难跋涉途中，尽可能地少犯错误。这样就可以尽可能快地实现你的目标。

实现目标要激励自己，要有迎接困难的思想准备。世上的事情，往往就是这样：事业未成，先尝苦果；壮志未酬，先遭失败。困难似乎常常与我们作对，而且奋斗的目标越高，困难也就越大。

地质学家李四光，少年时想"造第一流的兵舰、轮船，建立强大的海军"，以抵御帝国主义列强的侵略，16岁就到国外去学习造船，回国后，他为了解决造船需要的钢铁，又去学冶金。冶金需要找矿、开采，他又去学采矿，学地质，从此一生从事地质科学的研究工作，他多次改学专业，就是为了使他所献身的事业对国家有用这一长远目标，为此他也克服了许许多多的困难。

李四光的故事告诉我们，在实现目标的过程中，有时困难是我们无法预见的，在应对这些困难的时候，更需要我们在平时的工作、学习中激励自己，有意识地培养自己的意志品质，为将来克服困难做好充分准备。

那么，在实现人生规划的目标时如何激励自己呢？需要从以下几个方面努力。

第一，刻意远离舒适区

不断寻求挑战，激励自己，提防自己，不要躺倒在舒适区。舒适区只是避风港，不是安乐窝。它只是你心中准备迎接下次挑战之前刻意放松自己和恢复元气的地方。

记住：温床是滋生恶习的红灯区，舒适的生活将逐步削弱你的意志，让你成为一个行为的残疾者。

第二，牢牢把握好情绪

很多人没有败在能力上，没有败在知识上，偏偏败在情绪上。

人开心的时候，体内就会发生奇妙的变化，从而获得阵阵新的动力和力量。因此，找出自身的情绪高涨期用来不断激励自己。听轻松愉快的歌，看激励人生的书，找活力四射的人交朋友，在乐观向上的环境里成长。

第三，将目标调高以增加压力

不少人惊奇地感叹，他们之所以达不到自己孜孜以求的目标，是因为他们的主要目标太低，而且太模糊不清，使自己失去动力。如果你的主要目标不能激发你的想象力，目标的实现就会遥遥无期。因此，真正能激励你奋发

第八章 规划人生，绘就蓝图

向上的是，确立一个既宏伟又具体的远大目标。将目标稍微提高，会增加你生活的自信心。

第四，常想象成功时的情景

常想象成功时的情景，就会增加动力。当一个人不断地想象自己成功后的情景时，必然会在内心产生强大的动力，并努力去实现它。在武术中有一种训练方法，就是想象自己突然受到各种攻击时的应变方式，天长日久，这项训练会大大提高修炼者的反应速度和抗暴能力。

第五，让自己言谈举止都像一个已成功的人

虽然成功者的外貌神态各有不同，但他们必定有一些共同的特点：充满激情、精力充沛、果断、干练等，举手投足间都有一种"领袖气质"，给人一种"靠得住"的感觉。没人愿意对那些不修边幅、委靡不振的人委以重任。因此，任何时候你都要把自己装扮成个成功者，让自己早点进入成功的状态。

不要对此不屑一顾，"看起来就像个"成功者至少让你获得三个好处：首先是增加了自己的信心。当你像成功者那样思考，像成功者那样说话时，你能很强烈地感受到，你就是个成功者。这种感觉能够激励你像成功者一样进取。其次是获得他人的认可。有能力的人容易受人尊敬，但当你的能力没有展示出来的时候，你就得用形象来为自己博取"人缘"，那些"邋遢鬼"即使再有能力也不见得受人喜爱。想想那些广告商们为什么千方百计要选择一些形象美丽、健康、阳光的人为产品"代言"吧。还有就是为自己争取更多的机会。

第六，通过将目标告诉别人激励自己

有很多人订了很多目标，却不敢让别人知道。怕自己做不到会丢脸，这就不叫目标，而且你也达不成这个目标，因为你给自己留下后路，反正做不到也不会被人耻笑，所以订立目标时要大胆地讲给别人听，并且自己下定决心，一定要达到。告诉别人你的目标有很多好处：上司知道你的目标后会鼓励、提醒你；同事知道你的目标后会注意你、激发你的上进心，客户知道你的目标后，会帮助你介绍更多的朋友。顶尖的推销员都是这样做的，他们认为，如果自己的高定额没有公之于众，就不可能形成众目睽睽的压力，当然也就缺乏必要的刺激，因为谁都不知道你的高目标，一旦这目标未能达到，你也就会轻易地放过自己，公之于众后则不同，众目睽睽不仅对你施加压力，这种压力还能变成动力，激发你的干劲，可以起到督促鞭策的作用。

所以，应该赶快把你的目标告诉你的朋友、你的经理、你的客户，让他们督促你，做你的见证，给自己下一个真正的决定，全力以赴，付出实现此目标的代价。

第七，及时绕开酒朋肉友

朋友有两种：一种朋友在人生或事业需要时及时出现，助你一臂之力；另一种朋友只有感情方面的交融，难有事业上的相通。对于那些不支持你目标的"朋友"，要敬而远之。因为你所交往的人会改变你的生活。与愤世嫉俗的人为伍，他们就会拉你沉沦。结交那些希望你快乐和成功的人，你就在追求快乐和成功的路上迈出最重要的一步。对生活的热情具有感染力，因此，同乐观的人为伴能让我们看到更多的人生希望。

第八，直面困难，迎接恐惧

困难是什么？困难是高山。当你开着车子往前行，扑面过来一座高山，你觉得山那么高，路那么险，心中忐忑，隐隐不安。可是峰回路转，执着向前，你会发现，它慢慢会离开你的视线。此时你身不由己地感叹：所有困难，只要面对，充其量仅此而已。一方面，你必须直接面对，另一方面积极寻找最合理的解决方法，二者缺一不可。困难对于脑力劳动者来说，不过是一场场艰辛的比赛。如果学会了把握困难带来的机遇，你自然会动力陡生。

其实，哪怕克服的是小小的恐惧，也会增强你对创造自己生活能力的信

| 第八章 | 规划人生，绘就蓝图

心。如果一味地想避开恐惧，它们会像疯狗一样对我们穷追不舍。此时，最可怕的莫过于双眼一闭假装它们不存在。战胜恐惧最好的方法是：正视它并想办法解决它。

第九，主动走向危机

心理学家观察过一种奇妙的情况，他们把家兔和野兔同时从笼子里放出，再放出饥饿的狼狗去追，看哪个兔子能够逃命。答案是可以想象的。为什么野兔总是能够躲过一劫，而家兔总是成为狼狗口中之物？因为野兔的警惕性高，危机意识强，生活的经验足。其实我们人类何尝不是如此？经常在沙场上驰骋的人，他的风度，他的举止，他的言谈与众人截然不同；反而，经常泡在家中享受生活的人，会因为坐井观天而显得碌碌无为。危机能激发我们竭尽全力。

当然，我们不必坐等危机或悲剧的到来，主动地挑战自我是我们生命力量的源泉。有人说过："所有战斗的胜负首先在自我的心里见分晓。"

记住：没有危机意识反而会危机四伏。

第十，大胆拒绝同样精彩

大胆拒绝什么？拒绝身边严重影响你正当事情的人和事，我们常说，一个人要多交朋友，善交朋友，广交朋友，尤其是不要轻易看不起身边的穷朋友。但是，有一种朋友最好远离，他们不仅不接受你正确的意见，反而千方百计用他们消极的东西去替代你积极的东西，他们会源源不断地将他们的消极思想、消极精神、消极意识拼命往你脑海里装，使你也变成同他们一样的人。这种人非常亲近，对你的影响比较大，一定要敬而远之。

同时要拒绝不利于自己成长的环境，天天泡在酒吧里行不行？没事只知打麻将行不行？还有练歌房、洗浴中心等地方非常不利于自己的成长，特别是色情场所，一生也莫涉足其中，其危害之大，影响之深，让你追悔终生。

还有，对于别人的拒绝，而要积极面对。你的要求落空时，把这种拒绝当作一个问题："自己能不能更多一点创意呢？"不要听见"不"字就打退堂鼓。应该让这种拒绝激励你更大的创造力。

第十一，放松自己，释放激情

你随时随地都在接受来自方方面面的检验，你必须想方设法放松自己，始终保持一个健康、充实和富有活力的精神状况，以迎接人生的挑战。假如你无法放松，你正确的判断力就会锐减，看不清方向和目标，最终陷入失败的阴云之中。

所以，接受挑战后，要尽量放松自我。在脑电波开始平和你的中枢神经系统时，你可感受到自己的内在动力在不断增加。你很快会知道自己有何收获。自己能做的事，不必祈求上天赐予你勇气，放松可以产生迎接挑战的勇气。

总之，在实施人生规划的过程中进行有效的自我激励，是达到预期目标的根本动力。要知道自我激励的人生才是成功的人生。

成功地实施个人规划的有效途径

如果没有行动，规划就毫无价值，目标也就失去了意义。苦思冥想，谋划如何有所成就，是不能代替实际行动的，没有行动的人，只是纸上谈兵，成不了大业。要使自己的职业生涯规划变为现实，就必须按照规划去行动。

第八章 规划人生，绘就蓝图

第一，当机立断，雷厉风行

职业生涯规划能否实现，在很大程度上取决于自己能否立即行动。俗话说："心动不如行动。"因为只有行动，才有成功的可能性，只有从现在做起，才能完成你的人生规划。可是有些人有拖延的毛病，对于今天应该做的事情，总是用种种借口拖着不办。今天拖明天，明天拖后天；今年拖明年，明年拖后年，最后常常是了了之。

常有人说"等结婚以后……""等孩子长大以后……""等搬了家以后……""等病好了以后……""等换了工作以后……""等环境改善以后……""等退休以后……"。对他们而言，任何时候都有这样、那样的问题，条件都不完全具备，所以总是没有行动。这样一天天、一年年地拖下去，随着岁月流逝，他们变得年迈体弱，真的什么也不能做了，于是只好空度一生，一事无成。

有些人不是没有行动，而是行动的附加条件太多。比如，有人写一封信，先把办公桌面整理一番，又找来抹布擦拭一番，再把信纸放得方方正正，突然发现信纸本的顶头有个毛点，就小心翼翼地把它清除掉，再拿出钢笔来察看一番，好像上边有灰，当然也要抹掉……就这样十几分钟过去了。这种人不是没有行动，而是行动太磨蹭，实际上也是一种拖延。时间久了，这种小拖延就变成大拖延，人生规划就难以实现。

有些人遇事拿不定主意，谨小慎微，犹豫不决。他们用在思考上的时间过多，而影响了及时的行动，往往错过了机会，损失了宝贵的时间。其实，在目标规划已确定的条件下，日常的行动一般不会有什么大的错误，不必思虑过多。就像出差带不带雨伞，既想到了，带着就是了，用不着时，无非多一点麻烦；不拿也没有什么大问题，用着时想法借用一把或买一把就得了，用不着左思右想费心思。实际上带不带雨伞都可能有麻烦，用不着大费周折，前思后想，事后也用不着后悔。

再比如去见一位重要人物，有人往往会想，他是不是会接待？是不是正在忙？是不是会对打扰他的人有意见？思考再三也拿不定主意，有时候走到那个人的门外，刚要举手敲门时，又转身走开了。其实，这很好办。一个原则是有没有必要找他。如果确有必要，去找他就是了，管他忙不忙，接待不接待，有没有意见。找他办事是自己的责任，不接待是他的问题，再说不去见他怎知道他会如何呢？如果真的去做了，就会发现越是重要的人物，越是通情达理，事先的种种顾虑不过是自己想当然而已。

订了规划，就要行动，不要考虑那么多，在行动中遇到问题也是正常的。遇到问题，就解决问题，人生的发展就是在不断解决问题、克服困难中进行的。

有些人做事过分依赖条件，无论办什么事总要等条件完全具备了才去办。职业生涯规划，就是规划未来，不可能一切条件都具备，行动的目的，就是创造所需的条件，如果认为条件不成熟就不干，也就失去了职业生涯规划的作用及意义。

有些人行动拖延的主要原因是懒惰。他们没有做事的兴趣，凡事能拖则拖，过一天算一天，车到山前必有路。这种人，在事业上不可能获得成功，职业生涯规划对他来说，也纯属多余。他们的一切，由命运决定，所以也就不必行动了。

第二，立即行动要讲究方法

一是从现在做起。现在应该做什么，就马上动手，需要什么条件，就设法创造什么条件，干起来再说。至于执行过程中存在的问题，在执行过程中解决。也就是遇到问题，解决问题，遇到困难，克服困难。这是实现人生目标的重要一步。

二是今天的事情今天完成。职业生涯目标有长期目标、中期目标和短期目标。短期目标又分年目标、月目标、周目标和日目标。日目标的完成情况

第八章 规划人生，绘就蓝图

如何，将影响年目标，年目标影响短期目标，以此类推，最后影响到长期目标。所以，当日的事情能否完成，并非小事。一个人要想实现自己的目标，就必须从当日做起，当日的事情当日要完成。从工作量上来看，将长期目标分解到日目标后，其工作量并不大，稍微抓紧一点，也就完成了。如果今天工作忙，今天没做，明天工作又很累，明天又不做。过不了几天，工作量累积起来就大了，到那时候再去补做，困难就多了，既然有困难，也就不想做了。职业生涯规划就这样被抛弃了。所以，今天的事情，今日完成，是实现职业生涯规划的重要措施之一。

三是养成立即行动的习惯。行动是习惯，拖沓也是习惯。这种习惯与能力无关。有些人能力很强，但就是因为有拖沓的习惯，使自己一事无成，职业生涯规划不能实现。所以，这个习惯必须引起重视。如果你有这个毛病，就应有意识地训练自己，用好习惯取代拖沓的习惯。每当发现自己有拖沓的倾向时，静下心想一想，你的目标是什么？在此时间内应该完成什么任务？如果今天不干，明天会出现什么问题？考虑完这些问题后，定出一个最后期限，自我约束，渐渐地就会养成好的习惯。

第三，克服困难，持之以恒

要实现自己的人生目标，只有立即行动还不够，还要不怕困难，持之以恒。因为，前进的道路并非平坦大道，可能出现各种各样的困难，可能遇到各种各样的矛盾。如果没有克服困难坚持到底的精神，目标是实现不了的。

困难都是难以解决的问题，往往不是一朝一夕，举手投足就能解决的。要实现自己的目标，就要敢于面对困难，就得横下一条心，像愚公移山那样，面对大山毫不动摇，每天挖山不止。

有些人在行动当中，顺利时干得很来劲，精神百倍。一遇到困难，马上就如同放了气的皮球一样，垂头丧气，意志消沉，不是去积极地寻找解决问题的方法，而是怨天尤人，牢骚满腹，埋怨命运不佳，条件不好，别人不予配合等。总之，事情干不成，都是别人的原因。有了这些原因，他们也就找到了干不成的理由，此时，可以心安理得地不干了，可是他们职业生涯的发展也就因此而终止了。

有些人在行动当中不是没有能力解决困难，而是觉得解决困难太累，不愿为此付出努力。实际上是吃不了那个苦，所以也就不再坚持了。其实，世界上没有一件真正有价值的事情不是通过辛勤劳动而能干好的。

有些人在行动当中，总是急于求成，所以就走捷径、找窍门，想在很短的时间内一下子把所有问题解决，把所有的事情干完。一旦抓一阵子不见成效，就丧失信心，不再坚持下去了。要想干出一番事业，就得有蚂蚁啃骨头的精神，按照你的职业生涯规划一步一步地干，不要只想一锄头刨出个"金娃娃"。

有些人在职业生涯规划的初期，坚持行动是没有问题的，但随着时间的推移，动力就逐渐减少，计划的执行也就难以坚持了。特别是工作忙时、工作有变动或家里有什么特殊情况时，按计划行动就更成问题了。有的人在此时就放弃了行动，终止了职业生涯规划的执行。

以上种种，均使计划的执行难以继续。一个人要想获得事业的成功，必须具有敢于克服困难，敢于拼搏，坚持到底的精神。

伟大的科学家居里夫人曾说："我们的生活都不容易，但是那有什么关系？我们必须有恒心，尤其要有自信心。我们必须相信我们的天赋是要用来做某种事情的，无论代价多大，这种事情必须做到。"是的，居里夫人的成功，除了她的天才之外，就在于她的恒心。如果没有这一点，那么从数吨废渣中提取0.12克氯化镭简直是难以想象的。大发明家爱迪生为了搞发明，被车长打聋了耳朵等。如果他们没有坚定的毅力，没有克服困难的精神，没有持之以恒的拼搏精神，他们的事业是不会成功的。因此，持之以恒，坚持行动，对职业生涯的发展至关重要。

第八章 规划人生，绘就蓝图

第四，瞄准目标，有效行动

为了实现人生目标，你勤奋工作、积极行动。但是，你可能奋斗一生，仍是两手空空，一事无成。因为并不是每一份付出都能带来一分收获，它还需要许多先决条件：有效的目标、有效的计划、有效的行动。

所谓有效的行动，就是行动要始终围绕着目标而进行。好像射箭一样，无论从哪个方向射，无论怎么射，都要对准靶心，这样才使自己的行动成为有效的行动。要做到这一点，就要对自己的行动加以强化和约束。

一是集中力量向目标发起进攻。集中力量，包括集中脑力、集中时间、集中精神、集中物力、财力等一切可调动的"能量"，千方百计地为实现目标而努力。人的力量是有限的，如果不把力量最大限度地集中到实现目标上，而过多地耗费在无谓的事务上，就不可能有效地实现目标。

二是排除无益于实现目标的活动和干扰。在日常学习和工作中，会有许多无益于目标的活动和干扰，如没有多少价值的会议、鸡毛蒜皮的杂事、毫无意义的扯皮、聊天等。对于这些无益于目标的活动要力求避免。有些爱好对人们是有益的，但由于嗜好而大量地浪费宝贵的时间，则是得不偿失的，如每天晚上看电视一坐就是几个小时，打麻将一打就是一个通宵，就是有害无益的。

三是注意行动不要偏离目标轨道。目标行动，往往会受到某些阻力或者自身习惯的影响而偏离轨道。对这种情况要及时加以纠正，检查行动是否脱离轨道的依据，是短期目标，特别是短期目标中的周目标和日目标。如果发现你的行动与目标不符，就应引起注意，调整你的行动方案。

四是不受他人的影响。在实现目标的过程中，可能会听到一些风言风语，甚至一些讽刺打击的意见。别人有不同的看法是正常的，但是自己的目标并不一定非要得到他人的赞同，只要自己认准了目标，就朝这个方向前进。不要在意别人怎么想、怎么说、怎么做。

第五，灵活、机动，迂回前进

职业生涯目标的实现，一方面靠苦干、实干；另一方面也需要灵活、机动地干。特别是在当今的时代，一切因素都处在变化之中，职业生涯规划不可能脱离现实，变是正常的，不变才是不正常的。因此，在此环境中，只有灵活、机动、迂回地前进才能达到目标。

所谓灵活、机动，主要是根据内外环境的变化，及时对自己的职业生涯规划进行调整。必要时应准备备用方案，当情况发生变化，第一方案受阻时，就按备用方案行动。环境在变，行动也应做出相应的调整，这样就能避免由于内外环境的变化而使规划落空。

在适应内外环境变化的同时，还要学会迂回前进。因为，在人生道路上，遇到困难总是难免的。人生遇到困难，就如同你驾车外出办事，在行车中遇到此路不通。此时，你怎么办？是停车不动，打道回府，还是绕道而行？你一定会绕道而行，把事情办完，直至到达目的地，这就叫"迂回前进"。人生事业的发展，要获得成功，也应当如此。

有人说："仅有知识是不够的，我们必须应用；仅有愿望也是不够的，我们必须行动。"也就是说，仅有思考，理想不会变成现实；仅有期待，美梦不会成真；仅有幻想，目标也只能是泡影。只有付诸行动，才可能使目标达成。